"十二五"普通高等教育本科国家级规划教材

电工电子技术

Diangong Dianzi Jishu

第三版　　第四分册

实践教程

■　太原理工大学电工基础教学部　编

系列教材主编　渠云田　田慕琴

第四分册主编　陈惠英　崔建明

U0332821

高等教育出版社·北京
HIGHER EDUCATION PRESS　BEIJING

内容提要

　　本书是普通高等教育"十一五"国家级规划教材《电工电子技术》
（第二版）第四分册的修订版，是根据教育部面向21世纪电工电子技术
课程教改要求，结合电工电子技术课程的改革与实践编写而成。

　　全书共分7章。第1章介绍电工电子实验基础知识；第2章介绍常
用电工电子仪器仪表；第3至6章分别介绍电路基础、模拟电子技术、数
字电子技术和电机与控制实验，详细介绍了基础性、综合性和设计性实验
共37个；第7章介绍 Altium Designer Summer 09 原理图与 PCB 设计的内
容。为适应电工电子技术课程学时的不同要求，实验的内容和难易程度
涵盖了不同层次的教学要求，且大部分实验项目都有实验原理和思考题，
可供教师和学生灵活选用。

　　本书是高等院校非电类专业、计算机专业等电工电子技术课程的实验
教材，也可以作为从事系统设计、科研开发的工程技术人员的参考书。

图书在版编目（CIP）数据

电工电子技术. 第4分册，实践教程/渠云田，田慕琴主编；陈惠
英，崔建明分册主编. —3 版. —北京：高等教育出版社，2012.12（2015.9重印）
ISBN 978 – 7 – 04 – 036351 – 7

Ⅰ.①电⋯　Ⅱ.①渠⋯ ②田⋯ ③陈⋯ ④崔⋯　Ⅲ.①电工技术 –
高等学校 – 教材 ②电子技术 – 高等学校 – 教材　Ⅳ.①TM ②TN

中国版本图书馆 CIP 数据核字（2012）第 256935 号

策划编辑　金春英　　责任编辑　杜　炜　　封面设计　于文燕
版式设计　马敬茹　　责任校对　胡晓琪　　责任印制　韩　刚

出版发行	高等教育出版社	网　址	http://www.hep.edu.cn
社　址	北京市西城区德外大街4号		http://www.hep.com.cn
邮政编码	100120	网上订购	http://www.landraco.com
印　刷	涿州市京南印刷厂		http://www.landraco.com.cn
开　本	787mm × 1092mm　1/16		
印　张	10.5	版　次	2004 年 1 月第 1 版
			2012 年 12 月第 3 版
字　数	250 千字		
购书热线	010 – 58581118	印　次	2015 年 9 月第 3 次印刷
咨询电话	400 – 810 – 0598	定　价	17.10 元

第三版前言

21世纪是科学技术飞速发展的时代,新知识日新月异。为体现培养素质型、能力型的优秀人才的教育理念,根据教育部面向21世纪电工电子技术课程教学改革要求,结合我校电工基础教学部近年来对电工电子技术基础课程的改革与实践,在2008年出版的普通高等教育"十一五"国家级规划教材的基础上,借鉴国内外优秀教材,重新修订编写,使教材更适应非电类专业、计算机专业等电工电子实验的教学要求。

电工电子技术是一门具有工程特点的实践性很强的课程,实验是帮助学生学习和运用理论处理实际问题、验证和巩固基本理论、获得实验技能和科学研究方法的重要环节。本教材在内容的组织和编写上具有以下特色:

1. "电工电子实验基础知识"和"常用电工电子仪器仪表"两章,系统地介绍了测量误差的分析、实验数据的处理、电子电路故障的检查方法、基本测量方法和常用电工电子仪表的使用方法等知识。

2. 以教材基本理论为体系编写基础性实验。对教材中的基本概念、重要定理和分析方法,都编写了相应的基础性实验。且大部分实验都包含实验原理和思考题,以帮助学生掌握电工电子技术的基本理论。

3. 将基本测量方法的训练贯穿于实验的全过程。通过综合性实验,可使学生加深对单元功能电路的理解,了解各功能间的相互影响,掌握各功能电路之间参数的衔接和匹配关系,提高学生综合运用知识的能力。

4. 强调对学生的能力培养,编写了设计性实验。通过设计性实验,可提高学生对基础知识及基本实验技能的运用能力,掌握参数及电子电路的内在规律,可拓宽学生的知识面,以满足今后的发展要求。

5. 为了加强学生的工程意识与创新能力,增加了 Altium Designer Summer 09 原理图与 PCB 设计的内容,使学生可以轻松进行各种复杂的电子电路设计。

《电工电子技术》(第二版)系列教材第一至六分册是普通高等教育"十一五"国家级规划教材,《电工电子技术》(第三版)系列教材由渠云田、田慕琴担任主编。本书是第四分册——实践教程,由太原理工大学电工基础教学部组织编写,陈惠英、崔建明担任主编,张英梅编写第1章,王树红(太原大学)编写第2章,陈惠英编写第3章,王宇晖编写第4章,田慕玲编写第5章,赵腊生编写第6章,武培雄编写第7章,全书由陈惠英进行统稿。

高质量的教材是提高教学质量的重要保证。本教材是按照80~120学时编写,全书详细介绍了基础性、综合性和设计性实验共37个。一般每次实验为2学时,设计性实验为3学时。本书既可以作为高等院校非电类专业、计算机专业的电工电子技术实验教材,也可以作为电类专业及从事系统设计、科研开发的工程技术人员的参考书。

　　最后,感谢使用本书的各高校同行教师和读者,虽然我们精心组织、认真编写,但难免有不妥和疏漏之处,恳请读者给予批评指正。

编者

2012 年 4 月

目　　录

第1章　电工电子实验基础知识

1.1　实验须知和实验室安全用电规则

一、实验目的

电工电子技术实验是一门技术实验课,具有很强的实践性,是必不可少的教学环节。通过实验主要达到以下目的:

① 学习电工电子仪器、仪表的工作原理和使用方法;

② 通过验证性实验,巩固和加深理解所学的基础理论知识;

③ 通过综合性、设计性实验,培养学生电路设计的能力;

④ 能够按实验电路图正确连接电路并测出相关实验数据;

⑤ 学习观察分析实验现象,记录和处理实验数据,排除实验故障。

二、实验进行方式

电工电子技术实验从预习相关的知识开始,经过连接电路、观察调试、记录数据,直到撰写出完整的实验报告,各环节完成的好坏,都会影响电工电子实验的学习效果。实验一般分预习实验、进行实验操作和撰写实验报告三个阶段。各个阶段的要求如下:

1. 预习实验

实验能否顺利进行和收到预期的效果,很大程度上取决于预习准备得是否充分。这就要求学生在预习时认真阅读实践教程和有关仪器仪表的使用,了解实验的基本原理以及实验线路、方法、步骤,清楚实验中要观察哪些现象、记录哪些数据和注意哪些事项,而且要撰写好预习报告。未完成预习报告或只有形式上的预习报告,不得参加实验。

2. 进行实验

严谨的操作程序和规范的操作方法,是顺利进行实验的有效保证。一般实验按照下列程序进行:

① 熟悉实验仪器设备及其使用方法与步骤,集中注意力听取指导教师的简要讲解。重点、要点及其注意事项往往是容易被忽略或在课本上根本学不到的。

② 实验线路的布置与连接是检验学生基本实验技能的首要环节。连接电路时导线长短要适中。接线太长,则缠绕不清,不便于检查;太短则牵扯仪器,易脱线造成故障甚至事故。对于复杂的电路,正确接线的程序是"按图布置,先串后并,先分后合,先主后辅"。未经指导教师认可,决不允许私自通电,切忌草率行事,盲目操作。

③ 为了保证实验结果的正确性,测量时可以用仪表的大量程预测数据的大致范围,再确定合适的量程,然后读数。指针式仪表读数时要做到三点成一线(眼、指针、镜子里的影子)。用示波器观察波形时要选择好扫描频率和输入衰减使波形稳定且大小适中。每次测量后,立即记录

实测数据和波形于预习报告的表格中,并分析、判断所得数据及波形是否正确。

④ 对待实验中的故障现象,应积极独立思考,耐心排除,并记录故障现象及排除方法。如发现有不正常现象(光、热、声、味、烟及表针异常等)应立即断开电源,报告实验指导教师,并及时查找故障原因。采集实验数据要求读数规范,观察实验现象力求准确。实验数据经教师核查签字后,实验线路才能拆除。

⑤ 实验完毕,先拉闸再拆线,做好仪器设备、桌面和环境的清洁整理工作,经指导教师同意后方能离开实验室。

3. 撰写实验报告

实验报告是实验工作的全面总结,实验报告应选用统一的报告格式认真撰写,做到条理清晰、图表简明、计算准确、分析合理、讨论深入、结论正确,并能正确回答思考题。同时实验报告也是考评学生实验成绩的主要依据。一份完整的实验报告一般应包括以下内容:

(1) 实验题目、实验者姓名、班级、合作者以及实验地点和时间

(2) 实验目的

(3) 实验原理

实验原理包括基本理论知识和实验电路的作用。设计性实验还包括实验电路的设计、电路参数的计算、测量方案的确定等。

(4) 实验仪器设备

实验仪器设备包括所用仪器设备的名称、型号、规格、数量等。

(5) 实验内容与步骤

(6) 数据分析及实验结论

根据原始记录整理、处理实验测试数据,列出表格或用坐标纸描出波形。找出产生误差的原因,提出减少误差的措施。

(7) 思考题解答

学生做完实验之后,应及时写好实验报告。不交报告者不得进行下一次实验。

三、实验室安全用电规则

在实验中,为了防止触电事故的发生,实验前应熟悉安全用电常识,实验过程中必须严格遵守安全用电制度和操作规程。

人体是导电体,当人体不慎触及电源及带电导体时,电流通过人体,使人受到伤害,这就是电击。电击对人体的伤害程度与通过人体电流的大小、通电时间的长短、电流通过人体的路径、电流的频率以及触电者的健康状况、精神状态等因素有关。

工频交流电是比较危险的。当人体有 1 mA 的工频电流通过时,就会有不舒服的感觉。根据表皮的潮湿程度,人体的电阻约在 600 Ω ~ 100 kΩ 之间。通过人体的电流超过 50 mA 时,就会有生命危险。一般规定 36 V 为安全电压,但在实验中常用到 220 V 或 380 V 电压,为了防止触电事故发生,必须做到:

① 进入实验室后不经教师允许绝对不能擅自合闸,尤其是室内总电源。

② 实验过程中,同组人员必须配合默契,合电源时要及时与同组人员打招呼。如果有同学正在接线或改线,千万不能随便去接通电源。

③ 电源接通后,一定要注意不能用手触及带电部分,尤其是强电实验,以防触电。严格遵守

"先接线后合电源,先断电源后拆线"的操作程序。

④ 绝对不能把一头已经接在电源上的导线的另一头悬空,电路其他部分也不能有悬空线头的现象,否则易出现电源短路或烧坏仪器、人员触电的情况。线路连接好后,多余导线都要拿开,放在抽屉里或合适的地方。

⑤ 万一发生触电事故,同组同学应做的第一件事就是迅速关断电源,或用绝缘的工具迅速将电源线断开,使触电者脱离电源。

⑥ 发现异常现象(声响、发热、冒烟、焦臭等)也应立即切断电源,查找原因。

⑦ 当被测值难以估算时,仪表量程应置最大,然后根据指示情况逐渐减少量程,同时被测值或大或小时要注意随时调节量程。

⑧ 遵守各项操作规程,培养良好的实验作风。安全用电的观点应当贯穿在整个实验过程中,要以主人翁的态度爱护仪器仪表,做到人员设备两安全。

1.2　测量误差的分析

测量是为确定被测对象的数值而进行的实验过程。在这个过程中,人们借助专门的仪器,把被测量与标准的同类单位量进行比较,从而确定被测量与单位量之间的数值关系,最后用数值和单位共同表示测量结果。

在任何测量中,由于各种主观和客观因素的影响,使得测量结果不可能完全等于被测量的实际值,而只是它的近似值。我们把测量值与被测量的实际值之差叫做测量误差。研究测量误差理论的目的就是掌握测量数据的分析计算方法,正确对测量误差值进行估计,选择最佳测量方案。

一、测量误差的分类

根据测量误差的性质和特征,测量误差可以分为系统误差、偶然误差和疏忽误差。

1. 系统误差

系统误差是由于仪表的不完善、使用不恰当或测量方法采用了近似公式以及外界因素变化(温度、电场、磁场)等原因引起的。它遵循一定的规律变化或保持不变。按照误差产生的原因又分为:

(1) 基本误差

基本误差是指示仪表在规定的正常条件下进行测量时所具有的误差。它是仪表本身所固有的,即由于结构上和制作上不完善而产生的误差。

(2) 附加误差

附加误差是由于外界因素的变化而产生的。主要原因是仪表没有在正常工作条件下使用,例如温度和磁场的变化、放置方法不合适等引起的误差。

(3) 方法误差

方法误差是因测量方法不完善或使用仪表的人在读数时因个人习惯不同而造成读数不准确,间接测量时用近似计算公式等造成的。

减小系统误差的方法有:

① 对仪表进行校正,在测量中引入更正值,可减小基本误差;

② 按照仪表所规定的条件使用,减小附加误差;

③ 采用特殊的方法测量,减小方法误差。例如零示法、替代法、补偿法、对照法等。

2. 偶然误差

偶然误差是由于某些偶然因素所造成的,例如电源电压的波动、电磁场的干扰、电源频率的变化及地面震动、热起伏等。

理论上当测量次数 n 趋于无限大时,偶然误差趋于零。而实际中不可能做到无限多次的测量,多次测量值的算术平均值很接近被测量真值,因此只要我们选择合适的测量次数,使测量精度满足要求,就可将算术平均值作为最后的测量结果。

3. 疏忽误差

疏忽误差是由于测量中的疏忽所引起的。由于疏忽所引起的疏忽误差一般使测量结果严重偏离被测量的实际值。例如读数错误、记录错误、计算错误或操作方法错误等所造成的误差。

疏忽误差可以通过提高操作人员的测试技能和责任心加以避免。

二、正确度、精密度和准确度

对一组测量数据进行误差分析时,将疏忽误差剔除掉,只分析系统误差和偶然误差即可。

1. 正确度

正确度表示测量结果与实际值的符合程度,是衡量测量结果是否正确的尺度。系统误差使测量结果偏离被测量的实际值。因此系统误差越小,就有可能使测量结果越正确。在测量次数足够多时,对测量结果取算术平均值,可以减小偶然误差的影响。

2. 精密度

精密度表示在进行重复测量时所得结果彼此之间一致的程度。偶然误差决定测量值的分散程度,测量值越集中,测量值的精密度越高。可见,精密度是用来表示测量结果中偶然误差大小的程度的。

3. 准确度

对测量结果的评价,不能单纯用正确度或精密度来衡量,正确度高的精密度不一定高,精密度高的正确度不一定。二者均高,才表示测量值接近实际值,称为测量的准确度高。准确度是表示测量结果中系统误差与偶然误差综合的大小程度。

要达到高准确度的测量,即误差的总和越小越好,就应该在测量中设法消除或减小系统误差与偶然误差的影响。

三、测量误差的表示方法

测量误差的表示方法有绝对误差、相对误差和引用误差三种。若要反映测量误差的大小和方向,可用绝对误差表示;若要反映测量的准确程度,则用相对误差表示。

1. 绝对误差

测量值(即仪表值 A_x)和被测量的实际值 A_0 之间的差值称为绝对误差,用 Δ 表示,即

$$\Delta = A_x - A_0 \qquad\qquad (1-1)$$

在计算时,可以用标准表的指示值作为被测量的实际值。

例 1-1 用一只标准电压表来鉴定甲、乙两只电压表时,读得标准电压表的指示值为 50.0 V,甲表读数为 51.0 V,乙表读数为 49.5 V,求它们的绝对误差。

解:甲表的绝对误差 $\Delta_甲 = A_X - A_0 = (51.0 - 50.0)\text{V} = 1\text{ V}$

乙表的绝对误差 $\Delta_乙 = A_X - A_0 = (49.5 - 50.0)\text{V} = -0.5\text{ V}$

可见,绝对误差是有大小、正负和量纲的量,正的表示测量值比实际值偏大,负的表示测量值比实际值偏小。甲表偏离实际值较大,乙表偏离实际值较小,说明乙表的测量值比甲表准确。

2. 相对误差

在测量不同大小的被测量时,不能简单地用绝对误差来判断测量结果的准确度,这时要用相对误差来表示。相对误差是绝对误差与被测量的实际值之比,通常用百分数来表示,即

$$\gamma = \frac{\Delta}{A_0} \times 100\% \tag{1-2}$$

在实际工作中,常用仪表的指示值 A_X 近似代替 A_0,即

$$\gamma = \frac{\Delta}{A_X} \times 100\% \tag{1-3}$$

例 1-2 已知甲表测 100 V 电压时,其绝对误差 $\Delta_甲 = +2\text{ V}$,乙表测 20 V 电压时,其绝对误差 $\Delta_乙 = -1\text{ V}$,试求它们的相对误差。

解:甲表的相对误差 $\gamma_甲 = \frac{\Delta_甲}{A_0} \times 100\% = \frac{+2}{100} \times 100\% = +2\%$

乙表的相对误差 $\gamma_乙 = \frac{\Delta_乙}{A_0} \times 100\% = \frac{-1}{20} \times 100\% = -5\%$

可见,相对误差是一个没有量纲,只有大小和符号的量。虽然甲表的绝对误差大于乙表,但甲表的相对误差却比乙表小,这说明甲表的测量准确度要高些。

3. 引用误差

相对误差可用来反映某次测量的准确程度,但不能表示仪表在整个量程内的准确程度,即仪表的准确度。为划分仪表的准确度等级,引入了引用误差的概念。引用误差是绝对误差与仪表量程上限之比的百分数,即

$$\gamma_n = \frac{\Delta}{A_m} \times 100\% \tag{1-4}$$

由于仪表的各指示值的绝对误差不等,因此国家标准中电工仪表的准确度 K 是以用最大绝对误差计算的最大引用误差来确定的。即

$$\pm K = \frac{\Delta_m}{A_m} \times 100\% \tag{1-5}$$

按照国家标准规定,常用电工仪表的准确度 K 共分为七个等级,如表 1-2-1 所示。

表 1-2-1 仪表的准确度等级

仪表的准确度等级	0.1	0.2	0.5	1.0	1.5	2.5	5
基本误差/%	±0.1	±0.2	±0.5	±1.0	±1.5	±2.5	±5

例 1-3 有一个 8 V 的被测电压,若用 0.5 级、量程为 0~10 V 和 0.2 级、量程为 0~100 V 的两只电压表测量,问哪只电压表测得更准些? 为什么?

解:要判断哪只电压表测得更准确,即判断哪只表的测量准确度更高。

（1）用 0.5 级、量程为 0～10 V 的电压表测量，可能出现的最大绝对误差

$$\Delta_m = \pm K \cdot A_m = 0.5\% \times 10\ V = \pm 0.05\ V$$

可能出现的最大相对误差 $\gamma_m = \dfrac{\Delta_m}{A_0} \times 100\% = \dfrac{\pm 0.05}{8} \times 100\% = \pm 0.625\%$

（2）用 0.2 级、量程为 0～100 V 的电压表测量，可能出现的最大绝对误差

$$\Delta_m = \pm K \cdot A_m = 0.2\% \times 100\ V = \pm 0.2\ V$$

可能出现的最大相对误差 $\gamma_m = \dfrac{\Delta_m}{A_0} \times 100\% = \dfrac{\pm 0.2}{8} \times 100\% = \pm 2.5\%$

从计算结果可以看出，用量程为 0～10 V、0.5 级电压表测量所产生的最大相对误差小，所以选用量程为 0～10 V、0.5 级电压表测量更准确。

由此看出，准确度等级的数值越小，允许的基本误差越小，表示仪表的准确度越高。一般情况下，指针在 2/3 满刻度以上时才有较好的测试结果。因此，使用者应根据测试估计值的大小合理选择仪表量程，方可得到较小的最大相对误差。当然，相同量程时，追求高精度才是有意义的。

四、测量误差的合成

在实际测量中，一个被测量的获得往往可能要采用直接测量、间接测量等多种测量手段。测量误差合成理论研究在间接测量中，如何根据若干个直接测量量的误差求总测量误差的问题。

现假设被测量 y 与直接测量量 $x_1, x_2, \cdots, x_n$ 满足关系式

$$y = f(x_1, x_2, \cdots, x_n)$$

则被测量 y 的测量结果所含绝对误差等于该函数的全微分，即

$$dy = \frac{\partial f}{\partial x_1} dx_1 + \frac{\partial f}{\partial x_2} dx_2 + \cdots + \frac{\partial f}{\partial x_n} dx_n$$

其相对误差为

$$\gamma_y = \frac{dy}{y} = \frac{\partial f}{\partial x_1} \cdot \frac{dx_1}{y} + \frac{\partial f}{\partial x_2} \cdot \frac{dx_2}{y} + \cdots + \frac{\partial f}{\partial x_n} \cdot \frac{dx_n}{y} \tag{1-6}$$

下面讨论常用的几种典型情况：

① 被测量为直接测量值之和。设 $y = Ax_1 + Bx_2$

则
$$dy = A dx_1 + B dx_2 \tag{1-7}$$

$$\gamma_y = \frac{dy}{y} = A\frac{dx_1}{y} + B\frac{dx_2}{y} = A\frac{x_1}{y}\gamma_{x1} + B\frac{x_2}{y}\gamma_{x2} \tag{1-8}$$

在最不利的情况下，最大误差将发生在各直接测量量的误差符号相同时，所以估算误差时，对式（1-7）、式（1-8）各项均取绝对值，即

$$|dy| = A|dx_1| + B|dx_2|$$

$$|\gamma_y| = \left| A\frac{x_1}{y}\gamma_{x1} \right| + \left| B\frac{x_2}{y}\gamma_{x2} \right|$$

② 被测量为直接测量值之差。设 $y = Ax_1 - Bx_2$

则
$$dy = A dx_1 - B dx_2 \tag{1-9}$$

$$\gamma_y = \frac{dy}{y} = A\frac{dx_1}{y} - B\frac{dx_2}{y} = A\frac{x_1}{y}\gamma_{x1} - B\frac{x_2}{y}\gamma_{x2} \tag{1-10}$$

在最不利的情况下,最大误差将发生在各直接测量量的误差符号相反时,所以估算误差时,对式(1-9)、式(1-10)各项均取绝对值,即

$$|\mathrm{d}y| = A|\mathrm{d}x_1| + B|\mathrm{d}x_2|$$

$$|\gamma_y| = \left|A\frac{x_1}{y}\gamma_{x1}\right| + \left|B\frac{x_2}{y}\gamma_{x2}\right|$$

③ 被测量为直接测量值的积或商。设 $y = x_1^n \cdot x_2^m \cdot x_3^p$
其中,m、n、p 为任意常数。对上式两边取对数,则 $\ln y = n\ln x_1 + m\ln x_2 + p\ln x_3$

再微分得

$$\frac{\mathrm{d}y}{y} = n\frac{\mathrm{d}x_1}{x_1} + m\frac{\mathrm{d}x_2}{x_2} + p\frac{\mathrm{d}x_3}{x_3}$$

在最不利的情况下,最大误差为

$$|\gamma_y| = |n\gamma_{x1}| + |m\gamma_{x2}| + |p\gamma_{x3}| \qquad (1-11)$$

这里需要说明,指数越高,对误差的影响越大,直接测量时所用仪表的准确度等级应选高一些。

通过上面的分析可以看出,间接测量的准确度较低。所以能够直接测量的就不要采用间接测量。如果条件不允许,必须采用间接测量时,对所需的直接测量量以及它们与被测量之间的关系,还有所用的仪表准确度等级、量程范围等问题,都要认真考虑,否则,即使仪表准确度等级很高,也可能出现不可信赖的测量结果。

例 1-4 如图 1-2-1 所示为一振荡器,为了测量振荡器的最大功率输出,采用间接法进行测量。以标准电阻作为负载,用电压表测量它两端的电压。选用的电压表准确度等级为 1.5 级,量程为 10 V,读数为 8 V,电压表的内阻为 20 kΩ;选用的标准电阻为 0.05 级、100 Ω。试求:

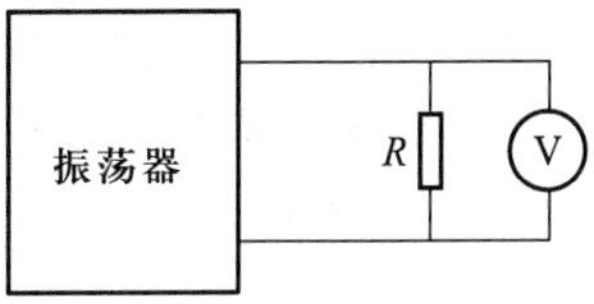

(1) 振荡器的输出功率;

(2) 由于仪表结构的不完善和制造上的缺陷所引起的误差

图 1-2-1 例 1-4 电路图

(相对误差);

(3) 测量方法不完善所引起的误差;

(4) 总的最大相对误差。

解:(1) 振荡器的输出功率为

$$P = U^2/R = 8^2/100\ \mathrm{W} = 0.64\ \mathrm{W}$$

(2) 测量时电压表的基本误差为

$$\gamma_U = \pm\frac{0.015 \times 10}{8} \times 100\% = \pm1.88\%$$

而 $\gamma_R = \pm0.05\%$
所以在测量时可能产生的最大相对误差为

$$|\gamma_P| = |2\gamma_U| + |\gamma_R| = |\pm2 \times 1.88\%| + |\pm0.05\%| = 3.81\%$$

(3) 电压表功率损耗为 U^2/R_U,因此由于测量方法不完善所引起的误差为

$$|\gamma_m| = \frac{U^2/R_U}{U^2/R + U^2/R_U} = \frac{R}{R + R_U} = \frac{100}{100 + 20\ 000} \times 100\% = 0.50\%$$

(4) 总的最大相对误差为

$$|\gamma| = |\gamma_P| + |\gamma_m| = 3.81\% + 0.50\% = 4.31\%$$

五、思考题

1. 有一个 100 V 的被测电压,若用 0.5 级、量程为 0 ~ 300 V 和 1.0 级、量程为 0 ~ 100 V 的两只电压表测量,问哪只电压表测得更准些? 为什么?

2. 根据公式 $W = \dfrac{U^2}{R}t$,用间接测量法测量某一电阻 R 在 t 时间内消耗的能量,通过测量算得 U、R、t 的相对误差分别为 $\gamma_U = \pm 1\%$,$\gamma_R = \pm 0.5\%$,$\gamma_t = \pm 1.5\%$,试求在测量 W 中可能产生的最大相对误差是多少?

1.3　测量数据的处理

在测量和数字计算中,该用几位数字来表示测量或计算结果是很重要的,它涉及有效数字和计算规则的问题。

一、有效数字的正确表示法

在测量中必须正确地读取数据,即除末位数字欠准确外,其余各位数字都是准确可靠的,其包含的误差不应大于末位单位数字的一半。例如用 50 mA 量程的电流表测量某支路的电流,读数为 32.5 mA,则前面两个数“32”是准确的可靠读数,称“可靠数字”;而最后一位数字“5”是估读的,称“欠准数字”,两者合起来称“有效数字”,其有效数字为 3 位。

对有效数字位数的确定说明如下:

1. 记录测量数值时,只允许保留 1 位可疑数字。通常,最后一位有效数字可能有 ±1 个单位或 ±0.5 个单位的误差。

2. 数字“0”在数字中间可能是有效数字,也可能不是有效数字。例如 0.041 5 kV,前面的两个“0”不是有效数字,它的有效数字为 3 位。0.041 5 kV 可以写成 41.5 V,它的有效数字仍然为 3 位,可见前面的两个“0”仅与所用单位有关。又如 30.0 V 有效数字为 3 位,后面的两个“0”都是有效数字。对于读数末尾的“0”不能任意增减,它是由测量设备的准确度来决定的。

3. 大数值与小数值要用幂的乘积形式来表示。例如,测得某电阻的阻值是 15 000 Ω,有效数字为 3 位,则应记为 $1.50 \times 10^4 \ \Omega$ 或 $150 \times 10^2 \ \Omega$。

4. 在计算中,常数(如 π、e 等)及乘子$\left(如 \sqrt{2}、\dfrac{1}{2}\right)$的有效数字的位数可以没有限制,在计算中需要几位就取几位。

二、有效数字的修约规则

当需要 n 位有效数字时,对超过 n 位的数字就要根据舍入规则进行处理。目前广泛采用的“四舍五入”规则内容如下:

① 被舍去的第一位数大于 5,则舍 5 进 1,即末位数加 1。例如把 0.26 修约到小数点后一位数,结果为 0.3。

② 被舍去的第一位数小于 5,则只舍不进,即末位数不变。例如把 0.33 修约到小数点后一位数,结果为 0.3。

③ 被舍去的第一位数等于 5,而 5 之后的数不全为 0,则舍 5 进 1,即末位数加 1。把 0.650 1 修约到小数点后一位数,结果为 0.7。

④ 被舍去的第一位数等于 5,而 5 之后无数字或为 0,应按使所取有效数字的末位上的数字凑成偶数的原则来进行取舍,即 5 前面为偶数,则只舍不进,即末位数不变;5 前面为奇数,则舍 5 进 1,即末位数加 1,例如把 0.250 和 0.350 修约到小数点后一位数,结果为 0.2 和 0.4。

例 1-5 将下列数字保留 3 位有效数字。

103 504   0.036 798   21.251 0   21.250 0   21.35

解:103 504→1.04×10^5;0.036 798→0.036 8;21.251 0→21.3;

21.250 0→21.2;21.35→21.4

三、有效数字的运算规则

处理数据时,常常需要一些准确度不相等的数值,按照一定的规则计算,既可以提高计算速度,也不因数字过少而影响计算结果的准确度,常用规则如下:

1. 加法运算

参加加法运算的各数所保留的小数点后的位数,一般应与各数中小数点后位数最少的相同。例如 13.6、0.057 和 1.668 相加,小数点后位数最少的是 1 位(13.6),所以应将其余二数修约到小数点后 1 位数,然后相加,即 13.6 + 0.1 + 1.7 = 15.4。

为了减少计算误差,也可在修约时多保留一位小数,即 13.6 + 0.06 + 1.67 = 15.33,其结果应为 15.3。

2. 减法运算

参加减法运算的数据,数值相差较大时,运算规则与加法相同。如果两数相差较小时,运算后将失去若干有效数字,致使测量误差很大,解决的办法是尽量采用其他测量方法。

3. 乘除运算

乘除运算时,各因子及计算结果所保留的位数,一般以百分误差最大或有效数字位数最少的项为准,不考虑小数点的位置。例如 0.12、1.058 和 23.42 相乘,有效数字位数最少的是 2 位,则 0.12 × 1.1 × 23 = 3.036,其结果为 3.0。

同样,为了减少计算误差,也可在修约时多保留一位小数,即 0.12 × 1.06 × 23.4 = 2.976 48,其结果为 3.0。

4. 乘方及开方运算

运算结果比原数多保留 1 位有效数字。例如 $(25.6)^2 = 655.4$,$\sqrt{4.5} = 2.12$

5. 对数运算

取对数前后的有效数字位数相同。例如 ln 106 = 4.66,lg 7.654 = 0.883 9

四、测量数据处理方法

测量数据的处理方法很多,常用的有列表法和图解法。

1. 列表法

列表法就是将实验中直接测量、间接测量和计算过程中的数值,依据一定的形式列成表格,让读者能清楚地从表格中得知实验中的各种数据。例如表 1-3-1 所示的是某一电路输出端电压值与负载的对应关系。列表法的优点是结构紧凑、简单、便于比较分析、容易发现问题或找出各物理量之间的相互关系和变化规律。

表 1 - 3 - 1　列　表　法

R_L/Ω	100	200	300	500	700	1 000
U_L/V	2.00	1.33	1.00	0.67	0.50	0.36

2. 图解法

图解法就是根据实验数据画出一条或几条反映真实情况的曲线,从曲线上找出被测量的数值。采用图解法要注意:

① 选择坐标系。坐标系有直角坐标系、极坐标系和对数坐标系。

② 标明坐标的名称和单位,标好坐标分度。分度的大小要根据测得的数据合理选择。被测量的符号应写在纵轴的左方和横轴的上方,而单位应写在纵轴的右方和横轴的下方。

③ 合理选取测量点。在测量中被测量的最大值和最小值必须测出,另外,在曲线变化陡峭部分要多测几个点,在曲线变化平缓部分可少取一些点。

④ 标明测试点。根据测量数据,在坐标图中标明测试点,测试点的符号可用“.”、“。”、“×”、“Δ”等表示,同一条曲线测试点符号要相同,而不同类别的数据,则应以不同的记号区别开来,如图 1 - 3 - 1 所示。

⑤ 连线。把坐标图上各测试点符号用线连接起来。

⑥ 修匀曲线。测量结果应是一条光滑的曲线,而不是折线。由于测量过程中偶然误差的影响,测试点的值有时产生正误差,有时产生负误差,所以在绘制曲线时,应消除偶然误差的影响,使曲线变得光滑。

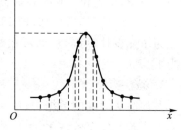

图 1 - 3 - 1　测量点标示图

五、思考题

1. 按照“四舍五入”规则,将下列数据进行处理,要求保留 4 位有效数字:

    3.141 59　　2.717 39　　3.216 50　　3.623 5　　26.457

2. 按照有效数字的运算规则,计算下列结果:

    1.172 3 × 3.2　　1.172 3 × 3.20　　66.09 + 4.853　　90.4 - 1.353

1.4　电子电路的故障检查方法

一、线路的正确连接

从准备连线到合上电源前要求做好下列工作:

1. 选择设备并合理布局

注意仪器容量、参数要适当,工作电压、电流不能超过额定值。仪表种类、量程、准确度等级要合适,仪表所选量程应比实际测量值大,对于刻度均匀的仪表所选量程应使指针的指示不小于满刻度的 30% ;对刻度不均匀的仪表则不小于 40% 。尽可能要求测量仪表对被测电路工作状态影响最小。对所用仪器、仪表应作合理的布局,一般以安全、便于操作与测读为原则,防止相互影响。

2. 正确连线

连接线路的原则是：

① 接线前先弄清楚电路图上的接点与实验电路中各元件的接头的对应关系。

② 根据电路的结构特点，选择合理的接线步骤。一般应先串联，后并联；先连主要回路，后连次要回路；先连各个局部，后连成整体。在连接主回路时，应由电源的一端开始，顺次而行，再回到电源的另一端。电路各连接端钮接线应牢固，避免接触不良，整个电路的连接导线应避免交叉，并使导线数量最少，有条不紊，令人一目了然。

③ 养成良好的接线习惯。走线要合理，导线的长短粗细要合适，防止连线短路。接线片不宜过于集中于某一点。电表接头上尽可能不接两根导线，接线松紧要适当。

二、电子电路的调试

实验和调试常用的仪器有：万用表、稳压电源、示波器、信号发生器等。调试的主要步骤：

1. 调试前不加电源的检查

对照电路图和实际线路检查连线是否正确，包括错接、少接、多接等；用万用表电阻挡检查焊接和接插是否良好；元器件引脚之间有无短路，连接处有无接触不良、二极管、晶体管、集成电路和电解电容的极性是否正确；电源供电（包括极性）、信号源连线是否正确；电源端对地是否存在短路（用万用表测量电阻）。若电路经过上述检查，确认无误后，可转入静态检测与调试。

2. 静态检测与调试

断开信号源，把经过准确测量的电源接入电路，用万用表电压挡监测电源电压，观察有无异常现象：如冒烟、异常气味、元器件发烫、电源短路等，如发现异常情况，立即切断电源，排除故障；如无异常情况，分别测量各关键点直流电压并判断是否符合正常工作状态，如静态工作点、数字电路各输入端和输出端的高、低电平值、放大电路输入、输出端直流电压等。如不符，则调整电路元器件参数或更换元器件等，使电路最终工作在合适的工作状态；对于放大电路还要用示波器观察是否有自激现象发生。

3. 动态检测与调试

动态调试是在静态调试的基础上进行的，调试的方法是在电路的输入端加上所需的信号源，并按照信号的传输逐级检测各有关点的波形、参数和性能指标是否满足设计要求。如必要，要对电路参数作进一步调整。发现问题，要设法找出原因，排除故障，继续进行。

4. 调试注意事项

电子电路的调试应注意：

① 正确使用测量仪器的接地端，仪器的接地端与电路的接地端要可靠连接。

② 在信号较弱的输入端，尽可能使用屏蔽线连线，屏蔽线的外屏蔽层要接到公共地线上，在频率较高时要设法隔离连接线分布电容的影响，例如用示波器测量时应该使用示波器探头连接，以减少分布电容的影响。

三、故障的检查方法

1. 故障产生的原因

实验中常会遇到因断线、接错线等原因造成的故障，使电路工作不正常，严重时还会损坏设备，甚至危及人身安全。

　　为了防止错接线路而造成的故障,应合理布局,认真接线。接完线路后一定要经过仔细检查,包括同学互查和教师复查,确认无误后方可合上电源。

　　合上电源后,注意仪表指示是否正常,或有无声响、冒烟、焦臭味及设备发烫等异常现象,一旦发现上述异常现象,应立即切断电源,然后根据现象分析原因,查找故障。

　　对于新设计组装的电路来说,常见的故障原因有:

　　① 实验电路与设计的原理图不符;元件使用不当或损坏。

　　② 设计的电路本身就存在某些严重缺点,不能满足技术要求,连线发生短路和开路。

　　③ 焊点虚焊,接插件、可变电阻器等接触不良。

　　④ 电源电压不合要求,性能差。

　　⑤ 仪器使用不当。

　　⑥ 接地处理不当。

　　⑦ 相互干扰引起的故障等。

　　2. 检查故障的方法

　　检查故障的一般方法有:直接观察法、静态检查法、信号寻迹法、对比法、部件替换法、旁路法、短路法、断路法、暴露法等,下面主要介绍以下几种:

　　(1) 直接观察法和静态检查法

　　与前面介绍的调试前的直观检查和静态检查相似,只是更有目标针对性。

　　(2) 信号寻迹法

　　在输入端直接输入一定幅值、频率的信号,用示波器由前级到后级逐级观察波形及幅值,哪一级异常,则故障就在该级;对于各种复杂的电路,也可将各单元电路前后级断开,分别在各单元输入端加入适当信号,检查输出端的输出是否满足设计要求。

　　(3) 对比法

　　将存在问题的电路参数和工作状态与相同的正常电路中的参数(或理论分析和仿真分析的电流、电压、波形等参数)进行比对,判断故障点,找出原因。

　　(4) 部件替换法

　　用同型号的好部件替换可能存在故障的部件。

　　(5) 加速暴露法

　　有时故障不明显,或时有时无,或要较长时间才能出现,可采用加速暴露法,如敲击元件或电路板检查接触不良、虚焊等,用加热的方法检查热稳定性差等。

第2章　常用电工电子仪器仪表

2.1　电工电子指示仪表概述

在进行电气测量时,由于测量仪器的准确度及人的主观判断的局限性,无论怎样测量或用什么方法测量,测得的结果与被测量实际数值总会存在一定差别,这种差别称为测量误差。选择仪表时,我们应根据所要求的准确度,从适合于被测量的灵敏度及允许仪表本身消耗的功率,适用于使用者的读数装置、绝缘电阻、耐压及耐过载能力、量程范围等方面考虑选用合适的仪表。

能直接指示被测量大小的仪表称为指示仪表。测量电压、电流、功率、电阻、功率因数、频率等电量的指示仪表称为电测量指示仪表,简称电工仪表。由于电测量指示仪表具有结构简单、稳定可靠、价格低廉和维修方便等一系列优点,所以在生产实际和教学、科研中得到广泛的应用。

一、电测量指示仪表的分类

电测量指示仪表的种类很多,分类方法各异,但主要分为以下几种:

① 按仪表的工作原理分为:磁电系、电磁系、电动系、感应系等。

② 按被测电量的名称(或单位)分为:电流表(安培表、毫安表和微安表)、电压表(伏特表、毫伏表)、功率表(瓦特表)、电度表、相位表(或功率因数表)、频率表、兆欧表以及其他多种用途的仪表,如万用表等。

③ 按被测电流的种类分为:直流表、交流表、交直流两用表。

④ 按使用方式分为:开关板式与便携式仪表。开关板式仪表(又称板式表)通常固定安装在开关板或某一装置上,一般误差较大(即准确度较低),价格也较低,适用于一般工业测量。便携式仪表误差较小(即准确度较高),价格较贵,适于实验室使用。

⑤ 按仪表面板显示方式分为:机械式和数字式。

⑥ 按仪表的准确度分为:0.1、0.2、0.5、1.0、1.5、2.5、5.0 七个等级。

⑦ 按仪表对电磁场的防御能力分为:Ⅰ、Ⅱ、Ⅲ、Ⅳ四级。

⑧ 按仪表的使用条件分为:A、B、C 三组。

二、电测量指示仪表的工作原理

电测量指示仪表的种类虽然繁多,但其基本原理都是将被测电量转换成测量机构的机械转角或数字显示,来表示被测量的大小,其原理方框图如图 2-1-1 所示。

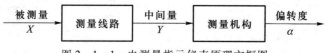

图 2-1-1　电测量指示仪表原理方框图

　　因此,电测量指示仪表主要由测量线路和测量机构组成。测量线路的作用是将被测量 X (如电压、电流、功率等)变换成为测量机构可以直接测量的电磁量。例如电压表的附加电阻、电流表的分流器电路等都属于测量线路。测量机构是仪表的核心部分,仪表的机械转角或数字显示就是靠它实现的。机械转角式仪表将电能转换为机械能驱动仪表指针,数字式仪表则将模拟电信号转换为数字信号,指示出被测量的数值。在测量机构中主要有三个力矩:

　　1. 转动力矩

　　驱动仪表可动部分转动的力矩称为转动力矩 T,转动力矩与通入的电流之间有 $T = f(I)$ 的关系,仪表中通入电流后产生电磁作用,使可动部分受到力矩而发生转动。

　　2. 反作用力矩

　　当反作用力矩 T_c 等于转动力矩 T 时,仪表可动部分平衡在一定的位置。

　　3. 阻尼力矩

　　阻尼力矩能产生制动力(阻尼力),使仪表可动部分能迅速静止在平衡位置。

　　产生上述三个力矩的装置分别称为驱动装置、控制装置和阻尼装置,这三个装置称为测量机构的三要素。

　　三、测量仪器仪表的选择

　　电工电子测量仪器仪表的种类繁多,应从以下几方面综合考虑。

　　1. 根据被测量的性质选择仪器仪表

　　在测量之前首先要对被测量的性质有足够的了解。比如,根据被测量是直流还是交流来选择用直流表还是交流表;根据被测信号的频率及波形来选择用晶体管毫伏表还是示波器;根据被测量是电压、电流还是功率选择电压表、电流表还是功率表。

　　2. 根据被测量的大小选择仪器仪表

　　在测量之前首先要对被测量的大小有足够的了解,不能超过测量范围,也不能在满量程的 1/3 以下的区域进行测量。选择量程时,尽量使仪表指针在满量程的 2/3 以上的区域进行测量。

　　3. 根据测量的精度选择仪器仪表

　　对于测量精度要求高的测量,需要使用准确度高的仪器仪表。一般仪器仪表的准确度越高,测量误差越小。数字式仪器仪表一般比指针仪器仪表的准确度要高。各种电表性能比较见表 2-1-1。

表 2-1-1   各种仪表性能比较

名称	磁电系仪表	电磁系仪表	电动系仪表
符号	∩	⧣	⊟
基本量测量	直流电流	电流有效值	平均功率
主要用途	直流电压表 直流电流表	交流电压表 交流电流表	功率表

续表

名称		磁电系仪表	电磁系仪表	电动系仪表
准确度等级		0.1 ~ 1.0	0.2 ~ 2.5	0.1 ~ 1.5
过载能力		弱	强	弱
量程扩大	电流表	分流器	改变线圈匝数	改变线圈匝数
	电压表	倍压电阻	倍压电阻	倍压电阻
价格		高	低	高

2.2 电工电子测量方法简介

一、测量方法的分类

对被测量进行测量有很多的测量方法,为便于掌握,将其进行分类,分类的形式很多。根据被测量随时间变化的情况,可分为静态测量和动态测量;根据仪表的不同,可分为直读测量和比较测量;常用的是根据测量结果得出的不同方式分为直接测量、间接测量和组合测量。

1. 直接测量

在测量过程中不需要进行辅助计算或查表就能直接获得被测量大小的方法,称为直接测量法。例如用安培表可以直接测量电流,用功率表可以直接测量功率。

2. 间接测量

在测量中有些量是不能直接测量的,例如直流电源的内阻等,必须通过测量其他相关的物理量,再通过它们与被测量的已知函数关系或曲线求得被测量的大小,这种测量方法称为间接测量法。

3. 组合测量

组合测量是改变测量条件,根据直接测量和间接测量的结果,解联立方程求出被测量。例如测量电阻的温度系数。

二、直读式仪表间接测量参数的方法

在进行每一次测量之前,必须根据自己的经验考虑下列问题:① 为实现这次测量最适合的方法是什么? ② 允许的测量误差是多少? ③ 何种测量仪器能满足测量误差的要求? 如果测量方法不当,将会产生很大的误差甚至使测量结果毫无意义。

被测量通过仪表的测量线路和测量机构,可以直接在仪表的指示机构上读出被测结果,这种仪表称为直读式仪表。下面介绍用直读式仪表间接测量参数的几种方法。

1. 伏安法测电阻

伏安法测电阻应注意电压表和电流表的连接方式,对高值电阻应采用图 2 – 2 – 1 所示的连接方式,对低值电阻应采用图 2 – 2 – 2 所示的连接方式,否则仪表内阻将会给测量结果带来较大误差。用伏安法也可以实现对电容和电感的测量,但测量电感时误差较大。

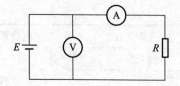

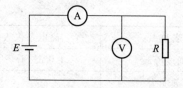

图 2 - 2 - 1　伏安法测高值电阻的电路　　　图 2 - 2 - 2　伏安法测低值电阻的电路

2．比较法测电阻

比较法测电阻是使一个已知标准电阻 R_N 和被测电阻 R_X 串联,用一只电压表分别测量 R_N 和 R_X 上的电压,如图 2 - 2 - 3 所示,根据 $\dfrac{U_N}{R_N} = \dfrac{U_X}{R_X}$ 可计算 R_X 的值。可以证明电压表内阻不影响测量结果的准确度。

3．放电法测电阻(电容)

放电法测电阻是使一个已知标准电容充电后对被测电阻放电,通过测量时间常数再计算出被测电阻的阻值。用这种方法取未知电容对已知标准电阻放电,也可实现对电容的测量。

4．三表法测混合参数

用电压表、电流表和功率表可实现对混合参数的测量,如图 2 - 2 - 4 所示。设 $Z = R + jX = |Z| \underline{/\varphi}$,则 $|Z| = \dfrac{U}{I}$,根据 $P = UI\cos\varphi$,得 $R = |Z|\cos\varphi$, $X = |Z|\sin\varphi$,最后根据电源的角频率可以计算出负载的等值电感和电容。

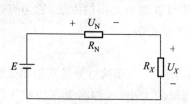

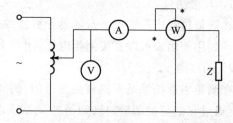

图 2 - 2 - 3　比较法测电阻的电路　　　　图 2 - 2 - 4　三表法测混合参数的电路

5．电压表法测混合参数

如图 2 - 2 - 5 所示,假设被测参数为 $Z = R + j\omega L$,图中 R_N 为已知标准电阻,用电压表分别测出 R_N 上的电压 U_N 和 Z 上的电压 U_Z 以及电源电压 U 。根据电路 KVL 相量形式,有 $\dot{U} = \dot{U}_N + \dot{U}_Z$,相量图如图 2 - 2 - 6 所示。L 上的电压 $U_L = U_Z\sin\varphi$, R 上的电压 $U_R = U_Z\cos\varphi$,而 $U_L = I\omega L$, $U_R = IR$,求出电流 I 即可计算出等值电阻 R 和等值电感 L 。同理,如果使 R_N 与 Z 并联,用电流表测出三个支路的电流,也可计算出等值电阻 R 和等值电感 L 。

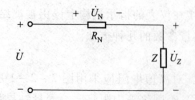

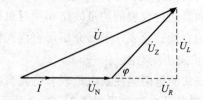

图 2 - 2 - 5　电压表测混合参数的电路　　　图 2 - 2 - 6　电压表测混合参数的相量图

6. 谐振法测 L 或 C

用 R、L、C 串联,加适当频率的电源电压,使电路发生谐振,可用电压表测量元件上的电压确定谐振点,此时有 $\omega L = \dfrac{1}{\omega C}$,当 L 和 C 其中之一为已知时,便可计算出另一个。可以证明其中等值电阻不影响测量结果的准确度。

2.3　常用电工电子仪器仪表

2.3.1　双踪示波器

示波器是一种用途很广的电子测量仪器,它既能直接显示电信号的波形,又能对电信号进行各种参数的测量。GOS – 620 双踪示波器的面板及功能如图 2 – 3 – 1 所示。

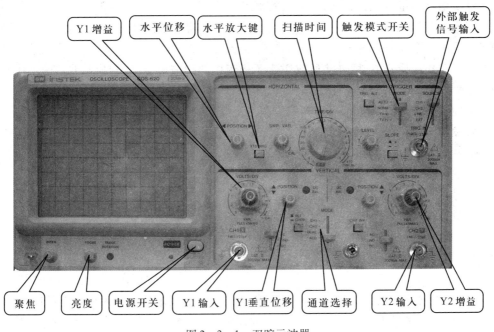

图 2 – 3 – 1　双踪示波器

1. 示波器的面板操作

根据示波器种类和功能的不同,旋钮开关的数目以及在面板上的位置和名称也不尽相同,但大体上可以分为公共部分、Y 通道部分、X 通道部分和触发部分。

(1) 公共部分

① 电源开关:用来接通或切断电源,接通电源时指示灯亮。

② 亮度旋钮:也称辉度旋钮,用来控制荧光屏上显示波形的亮度。

③ 聚焦旋钮:可调节荧光屏上扫描亮点的大小,即图形的清晰度。

(2) Y 通道部分

① Y 轴位移旋钮:控制荧光屏上图形在垂直方向的位置。

② Y 轴增幅或 Y 轴衰减旋钮:用以调节图形在 Y 轴方向的幅度。

③ Y 通道偏转因数选择开关:用以选择 Y 轴偏转灵敏度,即按挡级调节 Y 轴幅度,以便定量测量幅值,常以 VOLTS/DIV 分其挡级。

④ AC – DC 开关:选择 Y 轴放大器的交流或直流输入。

⑤ 对于双踪示波器:还有 Y 通道工作方式选择开关,即选择使用单通道中 Y1 或 Y2,还是双通道之组合。

（3）X 通道部分

① X 轴位移旋钮:控制荧光屏上图形在水平方向的位置。

② X 轴增幅或 X 轴衰减旋钮:用以调节图形在 X 轴方向的幅度。

③ 扫描范围开关:按挡级调节(粗调)扫描信号的频率。

④ 扫描微调旋钮:微调扫描信号的频率。

⑤ 整步选择开关:用以选择内、外或电源同步信号。

⑥ 整步增幅旋钮:控制同步信号电压的幅度。

⑦ 扫描时间因数选择开关(时间/格):用于选择扫描周期,以便定量计算时间,有 s/DIV、ms/DIV、μs/DIV 等多个挡级。

⑧ 水平工作选择开关:用来接通或切断 X 通道中的扫描信号,以转换示波器的工作方式。

（4）触发部分

① 触发模式选择:Auto、Norm、TV – H、TV – V 等。

② 触发源选择:可选择内部与外部。对于双踪示波器来说,内部通常取自于 CH1、CH2 的信号,外部可由指定的输入端接入。

③ 触发电平调整:控制触发信号的幅度。

④ 信号极性:可切换触发信号的极性。

2. 测量方法

（1）电压测量

将 VOLTS/DIV 的微调旋钮置于 CAL 位置就可进行电压的定量测量,测量值可由下列公式算出:

用 ×1 探头测量时:电压(伏) = VOLTS/DIV(伏/格)的设定值 × 输入信号显示幅度(格)。

用 × 10 探头测量时:电压(伏) = VOLTS/DIV(伏/格)的设定值 × 输入信号显示幅度(格)× 10。

① 直流电压测量

置扫描方式开关于 AUTO。选择扫描速度,以使扫描波形不发生闪烁为准。

调整垂直基准:将输入选择开关(AC – GND – DC)置于 GND,调节垂直位移旋钮,使该扫描线准确地落在水平刻度线上。

重置输入选择开关于 DC,并将被测电压加至输入端。扫描线的垂直位移即为信号的电压幅度。如果扫描线上移,被测电压相对于地的电位为正;如果扫描线下移,则该电压相对于地的电位为负。

② 交流电压测量

调节 VOLTS/DIV 开关以获得一个易于读取的信号幅度,读出该信号的幅度值,并用公式计算之。当测量叠加在直流电上的交流波形时,将输入选择开关置于 DC 即可测出叠加直流成分的交流波形幅值。如仅测量交流分量,将该开关置于 AC 即可显示。按这种规程测得的交流电压值为峰峰值(U_{P-P})。

(2)时间的测量

信号波形两点间的时间间隔可用下述方法算出:置 TIME/DIV 微调旋钮于 CAL,读取时间/格以及扩展倍数旋钮的设定值,用下式计算:

时间(s)= 时间/格设定值 × 对应于被测时间的长度(格)× 扩展倍数旋钮设定值的倒数

(3)频率测量

将扫描时间的微调旋钮顺时针旋至校准位置,根据前面的操作方法,调节有关旋钮使波形稳定,读取信号周期在水平方向所占的格数和扫描时间开关(时间/格)所在挡级,并计算周期与频率。

被测信号的周期 T 为

$$T = 挡级 × 格数,$$

被测信号的频率 f 为

$$f = \frac{1}{T}$$

(4)相位测量

分别将两个不同相位的信号通过 Y 轴的两个通道输入,示波器旋钮调节和双踪显示时相同。当屏幕上呈现两个稳定的波形时,由扫描时间开关所在的挡级和两信号的水平相对位置,读取并计算两信号的时间差或相位差。

(5)脉冲宽度的测量

① 调节脉冲波形的垂直位置,使脉冲波形的顶部和底部距刻度水平中心线的距离相等。

② 调整时间/格开关,使信号易于观测。

③ 读取上升和下降沿中点线的距离,即脉冲上升和下降沿与水平刻度线相交的两点的距离。根据扫描时间的挡位值即可计算出脉冲宽度。

(6)脉冲信号上升(或下降)时间的测量

① 调节脉冲波形的垂直与水平位置,方法与脉冲宽度测量方法相同。

② 转动水平位移旋钮,读取脉冲上升沿由底端上升 10% 至顶端下降 10% 之间的时间间隔即为上升时间。

③ 读取脉冲上升沿由顶端下降 10% 至距底端高度 10% 之间的时间间隔即为下降时间。

2.3.2 交流毫伏表

交流毫伏表与普通交流电压表相比具有较宽的工作频率和较高的灵敏度,可用来测量正弦交流电压的有效值。NY4520 型毫伏表是一种高性能指针式双通道交流毫伏表,该表面板如图 2-3-2 所示,表头为一双指针表头,黑指针对应 L.CH 输入,红指针对应 R.CH 输入。

1. 主要技术指标

电压测量范围为 300 μV ~ 100 V,分为 12 挡:300 μV、1 mV、3 mV、10 mV、30 mV、100 mV、300 mV、1 V、3 V、10 V、30 V、100 V。

dB 测量分 12 挡:−70 dB ~ +40 dB,每挡 10 dB,与电压挡对应。

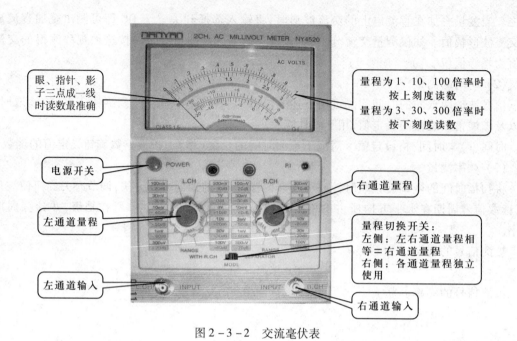

图 2 - 3 - 2　交流毫伏表

频响特征:10 Hz ~ 1 MHz。

2．使用注意事项

① 为了防止因过载而损坏,测量前一般先把量程开关置于量程较大位置上,然后在测量中逐挡减小量程。

② 由于仪表输入阻抗较高,量程开关在低量程位置时,测量端开路会使感应信号引入而导致表针晃动或指向满度,输入端短路时可使其回位。

2.3.3　数字式万用表

万用表是最常用的测量仪表,有数字式和指针式两类。万用表是通过量程转换开关实现电阻、电压、电流等测量功能的。数字式万用表是把被测电信号转换成电压信号,以不连续的数字形式显示的;而指针式万用表的指针偏转是随被测电信号连续变化的。数字式万用表测量数据较直观;而指针式万用表可以观察到测量过程中参数的变化,如电容充电过程或其他脉冲跳变过程。因此,可按具体使用需求选用。

1．测量方法

(1) 电压测量

万用表在测量电压时,呈现出较高的内阻,因此测量时只可与被测电路并联,不可串联。当测量交流电压时选择 V ~ ,测量直流电压时选择 V - 。

(2) 电流测量

万用表在测量电流时,呈现出较低的内阻,因此测量时只可与被测电流回路串联,而不能与带有电位差的任意两点的电路并联,否则将损坏仪表。测量交流电流时选择 A ~ 或 mA ~ ,测量直流电流时选择 A - 或 mA - 。万用表的电流量程挡位较多,为防止挡位选择不当损坏仪表,对于大量程(安培级)和小量程(毫安级)通常还需要改变表笔的接线端。

(3) 电阻测量

　　万用表在测量电阻时,首先是与该电阻连接的电路不能带电,否则影响测量甚至损坏仪表。另外该电阻不应与电路中的其他元件有并联的关系,否则会使测量结果不准确。

　　对于指针式万用表,每换一次电阻挡还要做一次调零。调零就是把万用表的红表笔和黑表笔搭在一起,然后转动调零钮,使指针指向零的位置。同时要注意表盘读数刻度与电压等其他刻度方向相反,电阻挡有 $R \times 1$、$R \times 10$、$R \times 100$、$R \times 1k$、$R \times 10k$ 各挡,分别说明刻度的指示值要乘上相应的倍数,才得到实际的电阻值(单位为欧姆)。

　　(4) 其他测量

　　万用表除能进行电压、电流、电阻测量外,还有一些其他的功能,特别是数字式万用表的功能较多,可以测量频率、温度、晶体管的 h_{FE}、电容、电感等。

　　数字式万用表不需要进行调零即可直接读出电阻的测量值。超量程时最高位显示"1",其余位无显示,可通过提高量程的挡位来重新测量。在电阻的最低量程挡位,通常还可以用蜂鸣器的响声来告诉使用者电路的通断情况。

　　2. 使用注意事项

　　① 根据被测量的性质,将面板上的转换开关旋转到适当的挡位,并将测试表笔插在适当的插孔里,严禁量程开关在电压测量或电流测量过程中改变挡位,不能用电流挡或电阻挡测电压,测量电阻时不能带电操作。当检查内部线路阻抗时,被测线路必须将所有电源断电,电容电荷放尽,以防损坏仪表。

　　② 如果使用前不知道被测量大小,应将功能开关置于最大的量程并逐渐下调。如果显示器显示"1",表示过量程,功能开关应置于较高量程。在电阻挡,未接入电阻相当于开路情况,仪表显示"1"。

　　③ 测量完毕,应将量程开关拨到最高电压挡,并关闭电源。

　　④ 禁止在测量高电压(220 V 以上)或大电流(0.5 A 以上)时换量程,以防止产生电弧,烧毁开关触点。

　　UT53 型数字式万用表面板及功能如图 2 - 3 - 3 所示。

2.3.4　THGE - 1 型高级电工电子实验台

　　"THGE - 1 型高级电工电子实验台"保留了传统实验台的许多优点,如全方位的人身安全保护(电压型漏电保护、电流型漏电保护、过流保护、过压保护等),仪器仪表的自我保护等,并结合目前实验设备的发展趋势,实验装置实现了联网通信(多机通信或局域网通信)功能。各实验单元将验证性、设计性、综合性相结合,最大限度地提高学生的动手能力。本实验装置综合了目前国内各类院校电类基础课程的全部实验项目。实验所需的交、直流仪表,交、直流电源,信号源(含频率计)及常用的实验器件均密切结合实验的需要,集中在实验台上,便于学生实验。"THGE - 1 型高级电工电子实验台"如图 2 - 3 - 4 所示。

　　本实验装置主要由电源控制屏、实验桌、实验组件等组成。电源控制屏为实验提供交流电源、直流稳压源、恒流源、信号源(含频率计)及各种测试仪表等,具体功能如下:

　　1. 控制及交流部分

　　① 三相 0 ~ 450 V 及单相 0 ~ 250 V 连续可调交流电源,配备 1 台三相同轴联动调压器,规格为 1.5 kV · A,0 ~ 450 V。可调交流电源输出处设有过流保护,相间、线间过电流及直接短路均能自动保护,配有三只指针式交流电压表,通过切换开关可分别指示三相电网电压和三相调压输出电压。

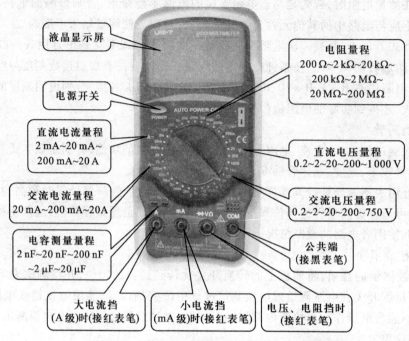

液晶显示屏

电源开关

直流电流量程
2 mA~20 mA~
200 mA~20 A

交流电流量程
20 mA~200 mA~20A

电容测量量程
2 nF~20 nF~200 nF
~2 μF~20 μF

电阻量程
200 Ω~2 kΩ~20 kΩ~
200 kΩ~2 MΩ~
20 MΩ~200 MΩ

直流电压量程
0.2~2~20~200~1 000 V

交流电压量程
0.2~2~20~200~750 V

公共端
(接黑表笔)

大电流挡
(A 级)时(接红表笔)

小电流挡
(mA 级)时(接红表笔)

电压、电阻挡时
(接红表笔)

图 2 – 3 – 3　UT53 型数字式万用表面板说明

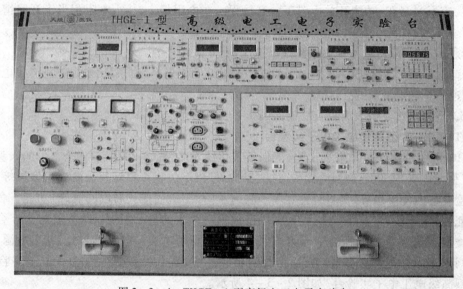

图 2 – 3 – 4　THGE – 1 型高级电工电子实验台

② 定时器兼报警记录仪,平时作为时钟使用,具有设定实验时间、定时报警、查询报警、切断电源等功能;还可以自动记录漏电告警、过流告警及仪表超量程告警的总次数,并具有计算机通信等功能。

③ 设有实验用 220 V、30 W 的荧光灯灯管一支,将灯管灯丝的四个头经过快速熔断器引出供实验使用,可防止灯丝损坏。

④ 提供铁心变压器 1 只,规格为 50 V·A,36 V/220 V,一、二次侧设有电流插座和熔断器,方便测试并能可靠保护防止变压器损坏。

另外,还有信号插座一只。

2. 直流电源、信号源

① 提供 0 ~ 500 mA 连续可调恒流源一组,分三挡可调,调节精度 1‰,负载稳定度 $\leq 5 \times 10^{-4}$,额定变化率 $\leq 5 \times 10^{-4}$,具有输出开路、短路保护功能,带输出指示,并带有计算机通信功能。

② 提供两路 0.0 ~ 30 V、1 A 可调稳压电源,从 0 V 起调,具有截止型短路软保护和自动恢复功能,设有三位数字显示。

③ 提供四路固定直流电源输出: ±12 V、±5 V,每路均具有短路、过流保护和自动恢复功能。

3. 仪表面板

(1) 真有效值交流数字电压表一只

进行真有效值测量,测量范围 0 ~ 500 V,量程自动判断、自动切换,精度 0.5 级,三位半数字显示。

(2) 真有效值交流数字电流表一只

进行真有效值测量,测量范围 0 ~ 5 A,量程自动判断、自动切换,精度 0.5 级,三位半数字显示。

(3) 真有效值交流毫伏表一只

能够对各种复杂波形的有效值进行精确测量,电压测试范围 0.2 mV ~ 600 V(有效值),测试基本精度达到 ±1%,量程分 200 mV、2 V、20 V、200 V、600 V 五挡,三位半数字显示,每挡均有超量程告警、指示及切断总电源功能。

(4) 智能交流功率表(多功能)一只

由一套微电脑、高速、高精度 A/D 转换芯片和全数显电路构成,通过键控、数显窗口实现人机对话的智能控制模式。为了提高测量范围和测试精度,将被测电压、电流瞬时值的取样信号经 A/D 变换,采用专用 DSP 计算有功功率、无功功率。功率的测量精度为 0.5 级,电压、电流量程分别为 450 V、5 A,可测量负载的有功功率、无功功率、功率因数、电压、电流、频率及负载的性质;还可以储存、记录 15 组功率和功率因数的测试结果数据,并可逐组查询。

(5) 数模双显直流电压表(整体表)

数显直流电压表:输入阻抗为 10 MΩ,精度为 0.5 级,三位半数字显示,测量范围为 0 ~ 200 V,量程为 200 mV、2 V、20 V、200 V,直键开关切换,每挡均有超量程告警、灯光指示功能。

指针式直流电压表:准确度为 0.5 级,电压表测量范围为 0 ~ 200 V,量程为 200 mV、2 V、20 V、200 V,直键开关切换,每挡均有超量程告警、灯光指示功能。

(6) 数模双显直流电流表(整体表)

数显直流电流表:准确度为 0.5 级,三位半数字显示,测量范围为 0 ~ 2 A,其量程为 2 mA、20 mA、200 mA、2 A,直键开关切换,每挡均有超量程告警、灯光指示功能。

指针式直流电流表:精度为 0.5 级,测量范围为 0 ~ 2 A,其量程为 2 mA、20 mA、200 mA、2 A,直键开关切换,每挡均有超量程告警、灯光指示功能。

常用电路实验组件如图 2 - 3 - 5(a)、(b)、(c)、(d)、(e)所示。

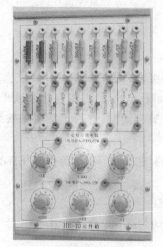

(a) HE-19 元件箱

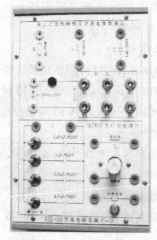

(b) HE-16 交流电路实验箱

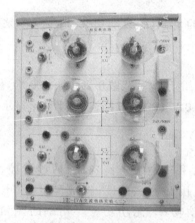

(c) HE-17A 交流电路实验箱

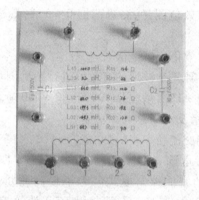

(d) 电容电感箱

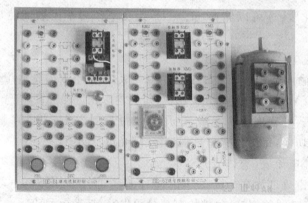

(e) HE-51 和 HE-52 继电接触控制实验箱

图 2-3-5　电路实验组件

2.3.5 模拟电路实验箱

THM-6型模拟电路实验箱是集直流稳压电源、信号发生器、实验器件等于一身的实验装置,模拟电路实验箱面板如图2-3-6所示。

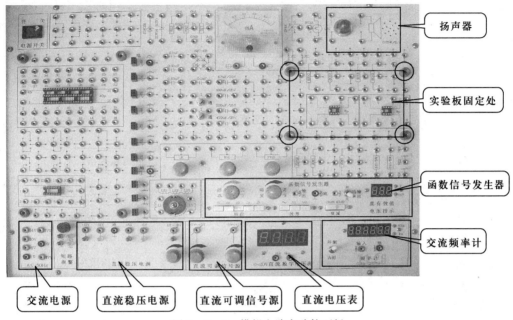

图2-3-6 模拟电路实验箱面板

1. 实验箱面板功能说明

实验箱面板各部分功能说明如下:

① 直流电源部分如图2-3-7所示。

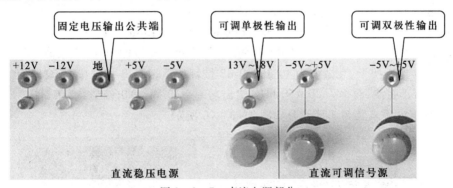

图2-3-7 直流电源部分

直流电源:±12 V、0.5 A,±5 V、0.5 A定值直流电压,13~18 V、0.5 A两路可调整直流电压,两路-5~+5 V直流信号源电压。

② 交流电源部分如图2-3-8所示。

交流电源两路:一路为0~6 V~10 V~14 V,50 Hz交流分挡电源,一路为带中心抽头的双17 V对称50 Hz交流电源。

③ 函数信号发生器部分如图2-3-9所示。

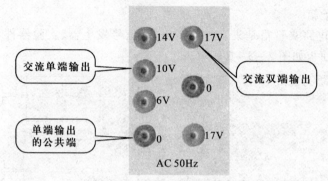

图 2-3-8 交流电源部分

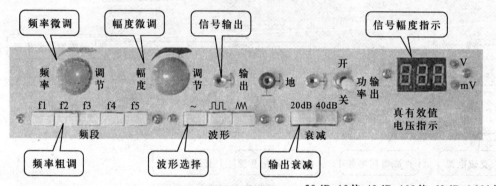

20 dB=10 倍, 40 dB=100 倍, 60 dB=1 000 倍

图 2-3-9 函数信号发生器部分

频率范围:1~160 kHz,由频段开关和频率调节旋钮进行调节。

输出波形:分为正弦波、方波和三角波。

输出幅度:正弦波,≥20U_{P-P};三角波,≥9U_{P-P};方波,≥10U_{P-P}。

输出衰减:由两个"衰减"按键组合,可实现 0 dB、20 dB、40 dB、60 dB 四挡衰减。20 dB 按键弹起,40 dB 按键弹起,衰减值为 0 dB;20 dB 按键按下,40 dB 按键弹起,衰减值为 20 dB;20 dB 按键弹起,40 dB 按键按下,衰减值为 40 dB;20 dB 按键按下,40 dB 按键按下,衰减值为 60 dB。

功率输出为正弦波,频率为 20~50 kHz,输出功率≥10 W,输出幅值≥22U_{P-P}

④ 直流数字电压表及频率计部分如图 2-3-10 所示。

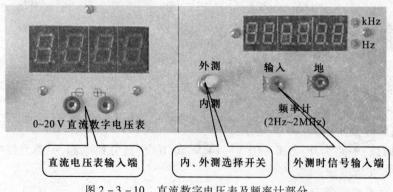

图 2-3-10 直流数字电压表及频率计部分

实验箱上配备有 0~20 V 的数字式直流电压表,其输入端与其他电路独立,可用于测量任何低于该量程的直流电压。

测量范围:2 Hz~2 MHz。

分辨率:1 Hz。

测量开关:开关置于内测时,频率计显示实验箱内部函数信号发生器的输出频率;开关置于外测时,频率计显示由插孔输入的外部被测信号频率。

2. 使用注意事项

① 使用前应先检查各电源是否正常,检查步骤为:接通实验箱的 220 V 交流电源,用万用表交流电压挡分别测量 AC 50 Hz“6 V”、“10 V”、“14 V”的插座对“0”的交流电压以及双端输出“17 V”对“0”的交流电压是否正常。

② 实验接线前必须先断开电源开关,严禁带电接线。接线完毕,检查无误后再插入相应的集成芯片,然后才可通电。只有断电后,方可插、拔集成芯片。

③ 本实验箱上的各挡直流电源及信号源仅供实验使用,一般不外接其他负载。

④ 实验时需要用到的外部交流供电仪器,如示波器、交流毫伏表等,这些仪器的外壳应可靠接地。

2.3.6 数字电路实验箱

THD-4 型数字电路实验箱是集直流稳压电源、函数信号发生器、实验器件等于一身的实验装置,数字电路实验箱面板如图 2-3-11 所示。

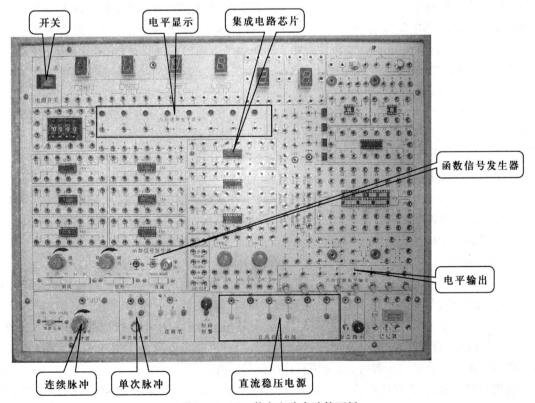

图 2-3-11 数字电路实验箱面板

第3章　电路基础实验

3.1　叠加定理和基尔霍夫定律的验证

一、实验目的

1. 加深对叠加定理和基尔霍夫定律的理解,并通过实验进行验证。

2. 学会用电流插头、插座测量各支路电流的方法。

3. 学会高级电工电子实验台上直流电工仪表的正确使用方法。

二、实验原理

1. 基尔霍夫定律

（1）电流、电压的参考方向

对电路进行分析,最基本的要求就是求解电路中各元件上的电流和电压,而其参考方向的选择与确定是首要的问题之一。电流、电压的参考方向是一种假设方向,可以任意选定一个方向作为参考方向,电路中的电流和电压的参考方向可能与实际方向一致或相反,但不论属于哪一种情况,都不会影响电路分析的正确性。应注意在未标明参考方向的前提下,讨论电流或电压的正、负值是没有意义的。当电流、电压参考方向一致时,称为关联的参考方向。否则为非关联参考方向。

（2）基尔霍夫电流定律

基尔霍夫电流定律应用于结点,它是用来确定连接在同一结点上各支路电流之间关系的,缩写为 KCL。KCL 是电流连续性原理在电路中的体现。对电路中任何一个结点,任一瞬时流入某一结点的电流之和等于流出该结点的电流之和。KCL 也适用于任意假想的闭合曲面。

（3）基尔霍夫电压定律

基尔霍夫电压定律应用于回路,它描述了回路中各段电压间的相互关系,缩写为 KVL。KVL 是能量守恒定律的体现。从回路中任一点出发,沿回路循行一周,电位降之和必然等于电位升之和。KVL 也适用于电路中的假想回路。

2. 叠加定理

叠加定理可描述为:在线性电路中,如果有多个独立电源同时作用时,它们在任意支路中产生的电流(或电压)等于各个独立电源分别单独作用时在该支路中产生电流(或电压)的代数和。

电源单独作用是指:电路中某一电源起作用,而其他电源不作用。不作用电源的具体处理方法如下:理想电压源短路,理想电流源开路。本实验用直流稳压电源来模拟理想电压源(内阻可认为是零),所以去掉某电压源时,直接用短路线代替即可。

应用叠加定理时,在保持电路的结构不变情况下,应以原电路的电流(或电压)的参考方向为准,若各个独立电源分别单独作用时的电流(或电压)的参考方向与原电路的电流(或电压)的参考方向一致则取正号,相反则取负号。

线性电路的齐次性是指当激励信号增加或减小 K 倍时,电路的响应也将增加或减小 K 倍。

在应用叠加定理时,需注意以下几点:

① 叠加定理只适用于线性电路中电流和电压的计算,不能用来计算功率。因为功率与电流和电压不是线性关系。

② 某独立电源单独作用时,其余各独立电源均应去掉。去掉其他电源也称为置零,即将理想电压源短路,理想电流源开路。

③ 叠加(求代数和)时以原电路中电流(或电压)的参考方向为准。若某个独立电源单独作用时电流(或电压)的参考方向与原电路中电流(或电压)的参考方向不一致,则该电量取负号。

三、实验仪器

THGE – 1 型高级电工电子实验台

HE – 19 元件箱

二极管 1N4007

四、实验内容

1. 验证叠加定理

① 按实验电路图 3 – 1 – 1 接线,电路的正确接线原则是"按图布置,先串后并,先分后合,先主后辅"。连线时在各支路中串接电流插座(可以用一只电流表测量各支路电流),将两路直流稳压电源分别调至 $U_{S1} = 6$ V,$U_{S2} = 10$ V。

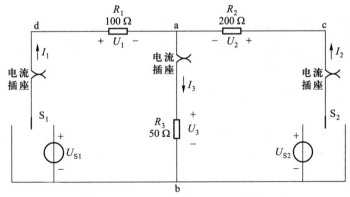

图 3 – 1 – 1 叠加定理实验电路图

② 根据图 3 – 1 – 1 中给定参数计算理论值,填入表 3 – 1 – 1 中,并依其正确选择电压表、电流表的量程。

③ 令 U_{S1} 电源单独作用时(将开关 S_1 投向 U_{S1},开关 S_2 投向短路侧),用直流电压表和毫安表(接电流插头)测量各支路电流、各电阻上的电压,将测量数据填入表 3 – 1 – 1 中。

表 3 – 1 – 1 叠加定理实验数据

实验内容	I_1/mA		I_2/mA		I_3/mA		U_1/V		U_2/V		U_3/V	
	计算	实测	计算	实测	计算	实测	计算	实测	计算	实测	计算	实测
U_{S1} 单独作用												
U_{S2} 单独作用												
U_{S1}、U_{S2} 共同作用												
$2U_{S1}$ 单独作用												

④ 令 U_{S2} 电源单独作用时（将开关 S_2 投向 U_{S2}，开关 S_1 投向短路侧），重复实验步骤③的测量和记录。

⑤ 令 U_{S1} 和 U_{S2} 电源共同作用时（将开关 S_1、S_2 分别投向 U_{S1}、U_{S2}），重复实验步骤③的测量和记录。

⑥ 将 U_{S1} 的数值调为 12 V，重复实验步骤③的测量和记录。

2. 验证基尔霍夫定律

根据实验内容 1 的步骤⑤，任取一结点将测量的电流数据填入表 3 - 1 - 2 中，任取一回路将测量的电压数据填入表 3 - 1 - 3 中，分别验证基尔霍夫电流定律和电压定律。

表 3 - 1 - 2　基尔霍夫电流定律实验数据

结点	a	b
$\sum I$（计算值）		
$\sum I$（测量值）		
误差 ΔI		

表 3 - 1 - 3　基尔霍夫电压定律实验数据

回路	acb	adb	acbda
$\sum U$（计算值）			
$\sum U$（测量值）			
误差 ΔU			

3. 验证叠加定理不适用于非线性电路

将 R_2 换成一只二极管 1N4007，按实验内容 1，重复步骤③～⑥的测量过程，数据填入表 3 - 1 - 4 中。

表 3 - 1 - 4　含二极管电路实验数据

实验内容	I_1/mA	I_2/mA	I_3/mA	U_1/V	U_2/V	U_3/V
U_{S1} 单独作用						
U_{S2} 单独作用						
U_{S1}、U_{S2} 共同作用						
$2U_{S1}$ 单独作用						

五、实验注意事项

1. 用电流插座测量电流时，要注意电流表的极性（红正蓝负）及选取适合的量程，切勿使仪表超过量程。

2. 所有需要测量的电压值，均以电压表测量的读数为准。防止稳压电源的两个输出端碰线短路。

3. 用指针式电压表或电流表测量电压或电流时，如果仪表指针反偏，则必须调换仪表极性，重新测量。如果仪表指针正偏，可读出电压或电流值。若用数显电压表或电流表测量，则可直接读出电压或电流值。

六、思考题

1. 在进行叠加定理实验时，对不作用的电压源和电流源应如何处理？如果它们有内阻，则应如何处理？

2. 用电流实测值及电阻标称值计算 R_1、R_2、R_3 上消耗的功率，以实例说明功率能否叠加。

3. 从实验数据中总结参考方向与实际方向的关系。

七、实验报告要求

1. 将理论计算值与实际所测值相比较,分析误差产生的原因。
2. 根据实验数据,验证线性电路的叠加性和齐次性。
3. 根据实验数据,验证基尔霍夫定律。
4. 说明实验过程中的故障现象及排除方法。

3.2 电源两种模型的等效变换

一、实验目的

1. 掌握电源外特性的测量方法。
2. 验证电源两种模型等效变换的条件。
3. 进一步学习高级电工电子实验台上直流电工仪表的正确使用方法。

二、实验原理

1. 理想电压源和电流源

(1) 理想电压源

理想电压源可以向外电路提供一个恒定值的电压 U_S。当外接负载电阻 R_L 发生变化时,流过理想电压源的电流将发生变化,但电压 U_S 不变。因此理想电压源有两个特点:其一是任何时刻输出电压都和流过电流的大小无关;其二是输出电流取决于外电路,由外接负载电阻决定。它的外特性 $U = f(I)$ 和图形符号如图 3-2-1 所示。

(2) 理想电流源

理想电流源可以向外电路提供一个恒定值的电流 I_S。当外接负载电阻 R_L 发生变化时,理想电流源两端的电压将发生变化,但电流 I_S 不变。因此理想电流源有两个特点:其一是任何时刻输出电流都和它的端电压大小无关;其二是输出电压取决于外电路,由外接负载电阻决定。它的外特性 $U = f(I)$ 和图形符号如图 3-2-2 所示。

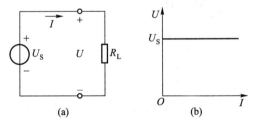
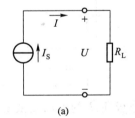
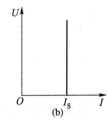

图 3-2-1 理想电压源的模型及伏安特性 　　图 3-2-2 理想电流源的模型及伏安特性

2. 实际电压源和电流源模型

(1) 实际电压源

实际电压源可以用一个理想电压源与一个电阻相串联来表示。实际电压源输出电压与电流之间的关系式为

$$U = U_S - IR_S$$

式中,U 为电压源的输出电压,U_S 为理想电压源的电压,I 为负载电流,R_S 为电压源的内阻。实际

电压源的模型及伏安特性如图 3 - 2 - 3 所示。实际电压源的内阻 R_s 越小,其特性就越接近理想电压源。

（2）实际电流源

实际电流源可以用一个理想电流源与一个电阻相并联来表示。实际电流源输出电流与电压之间的关系式为

$$I = I_s - U/R_s$$

式中,I 为电流源的输出电流,I_s 为理想电流源的电流,U 为电流源的输出电压,R_s 为电流源的内阻。实际电流源的模型及伏安特性如图 3 - 2 - 4 所示。实际电流源的内阻 R_s 越大,其特性就越接近理想电流源。

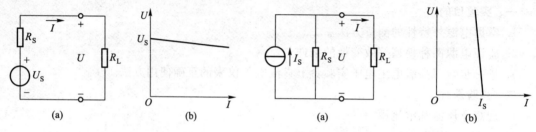

图 3 - 2 - 3　实际电压源的模型及伏安特性　　　图 3 - 2 - 4　实际电流源的模型及伏安特性

3. 电源两种模型的等效变换

实际电源模型有两种,一种是理想电压源与电阻串联,另一种是理想电流源与电阻并联,无论采用哪一种模型,在外接负载相同的情况下,其输出电压、电流均和实际电源输出的电压、电流相等（外特性相同）,即两种电源模型对负载（或外电路）而言,可以等效变换,如图 3 - 2 - 5 所示。其中

$$I_s = \frac{U_s}{R_0}, U_s = I_s R_0$$

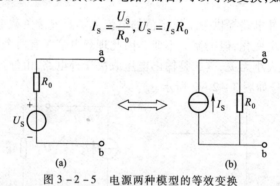

图 3 - 2 - 5　电源两种模型的等效变换

注意:变换时应注意极性,I_s 的流出端要对应 U_s 的" + "极。两种电源模型的等效关系仅对外电路有效,至于电源内部,一般是不等效的。

三、实验仪器

THGE - 1 型高级电工电子实验台

HE - 19 元件箱

HE - 11 元件箱

四、实验内容

1. 测量电压源的外特性

（1）测量理想电压源的外特性

按图 3-2-6 所示实验电路接线，设直流稳压电源（理想电压源）$U_S = 12$ V，$R_1 = 200$ Ω，调节 R_2，使其阻值由大变小，记录电压表、电流表的读数填入表 3-2-1 中。

（2）测量实际电压源的外特性

按图 3-2-7 实验电路接线，设直流稳压电源 $U_S = 12$ V，$R_S = 100$ Ω，$R_1 = 200$ Ω，点画线所框部分可模拟成一个实际电压源，调节 R_2，使其阻值由大变小，记录电压表、电流表的读数填入表 3-2-2 中。

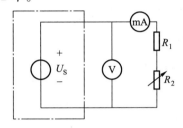 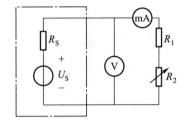

图 3-2-6 测量理想电压源的外特性电路　　图 3-2-7 测量实际电压源的外特性电路

表 3-2-1 理想电压源的外特性测量数据

R_2/Ω							
U/V							
I/mA							

表 3-2-2 实际电压源的外特性测量数据

R_2/Ω							
U/V							
I/mA							

2. 测量电流源的外特性

按图 3-2-8 实验电路接线，I_S 为直流恒流源（理想电流源），调节其输出为 10 mA，令 R_S 分别为 1 kΩ 和 ∞（即接入和断开），调节可变电阻 R_L（从 0 Ω 到 1 kΩ），测出这两种情况下的电压表和电流表的读数，记录实验数据填入表 3-2-3 中。

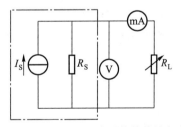

图 3-2-8 测量电流源的外特性电路

表 3-2-3 电流源的外特性测量数据

	R_L/Ω							
$R_S=1$ kΩ	U/V							
	I/mA							
$R_S=\infty$	U/V							
	I/mA							

3. 验证电源两种模型等效变换的条件

先按照图 3 - 2 - 9(a)所示实验电路接线,记录线路中电压表和电流表的读数。然后利用图 3 - 2 - 9(a)中右侧的元件和仪表,按照图 3 - 2 - 9(b)所示实验电路接线,调节直流电流源输出 I_S,使电压表和电流表的读数与图 3 - 2 - 9(a)时的数值相等,记录 I_S 的数值,验证电源两种模型等效变换条件的正确性。

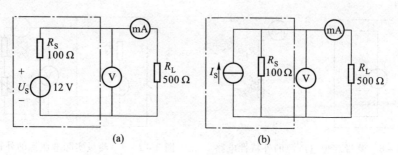

图 3 - 2 - 9　测量等效变换条件的电路

五、实验注意事项

1. 在测量电压源外特性时,不要忘记测空载时的电压值;测量电流源外特性时,不要忘记测短路时的电流值。注意理想电流源负载电压不可超过 20 V,负载更不可开路。

2. 改接线路时,一定要关掉电源。

3. 在测量电流和电压时,注意测量仪表的极性和量程。

六、思考题

1. 直流稳压电源的输出端为什么不允许短路?直流恒流源的输出端为什么不允许开路?

2. 电压源与电流源的外特性为什么呈下降变化趋势?稳压电压源和直流恒流源的输出在任何负载下是否都保持恒定值?

七、实验报告要求

1. 根据实验数据绘出电源的四条外特性曲线,并总结归纳各类电源的特性。

2. 根据实验结果验证电源两种模型等效变换的条件。

3.3　戴维宁定理的研究

一、实验目的

1. 通过实验加深对等效概念的理解,验证戴维宁定理。

2. 学习有源线性二端网络的等效电路参数的测试方法。

3. 初步掌握实验电路的设计思想和方法。

二、实验原理

1. 戴维宁定理

戴维宁定理指出:任何一个有源线性二端网络 N,对外电路而言,都可以用一个理想电压源和一个电阻串联的支路等效,如图 3 - 3 - 1 所示。

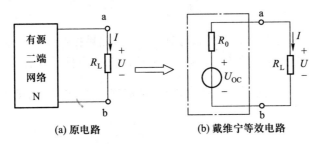

(a) 原电路　　　　　(b) 戴维宁等效电路

图 3 - 3 - 1　有源线性二端网络的等效

等效的理想电压源电压等于原有源二端网络的开路电压 U_{OC}，如图 3 - 3 - 2(a)所示；等效的串联电阻等于原有源二端网络 N 中所有独立电源置零时的无源二端网络 N_0 的输入电阻 R_0，如图 3 - 3 - 2(b)所示。

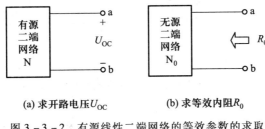

(a) 求开路电压 U_{OC}　　　　(b) 求等效内阻 R_0

图 3 - 3 - 2　有源线性二端网络的等效参数的求取

2. 有源线性二端网络的等效电阻 R_0 的测量方法

（1）直接测量法

测量时将有源二端网络 N 中所有的独立电源置零，用数字式万用表的电阻挡直接测量 a、b 间的电阻值即可。

（2）开路短路法

在如图 3 - 3 - 1(a)所示的电路中，当 $R_L = \infty$ 时，测量有源二端网络的开路电压 U_{OC}，当 $R_L = 0$ 时，测量有源二端网络的短路电流 I_{SC}，则等效内阻 $R_0 = U_{OC}/I_{SC}$。

（3）加压求流法

将有源二端网络 N 中的所有独立电源置零，在 a、b 端施加一已知直流电压 U，测量流入二端网络的电流 I，如图 3 - 3 - 3 所示，则等效内阻 $R_0 = U/I$。

（4）半电压法

电路如图 3 - 3 - 4 所示，改变 R_L 值，当负载电压 $U = 0.5U_{OC}$ 时，负载电阻即为被测有源二端网络的等效电阻值。

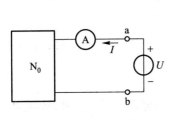

图 3 - 3 - 3　加压求流法

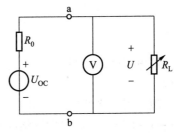

图 3 - 3 - 4　半电压法

（5）直线延长法

当有源二端网络不允许短路时，先测开路电压 U_OC，然后按图 3 - 3 - 5(a) 所示的电路连线，读出电压表读数 U_1 和电流表读数 I_1。在电压、电流的直角坐标系中标出 $(U_\text{OC},0)$ 和 (U_1,I_1) 两点，如图 3 - 3 - 5(b) 所示，过这两点作直线，与纵轴的交点为 $(0,I_\text{SC})$，则 $I_\text{SC} = \dfrac{U_\text{OC}}{U_\text{OC} - U_1}I_1$，所以，

$R_0 = \dfrac{U_\text{OC} - U_1}{I_1}$。

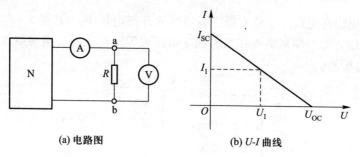

(a) 电路图　　　　(b) U-I 曲线

图 3 - 3 - 5　直线延长法

（6）两次求压法

测量时先测一次开路电压 U_OC，然后在 a、b 端接入一个已知负载电阻 R_L，再测负载电阻 R_L 两端的电压 U_L，则等效内阻 $R_0 = \left(\dfrac{U_\text{OC}}{U_\text{L}} - 1\right)R_\text{L}$。

三、实验仪器

THGE - 1 型高级电工电子实验台

HE - 19 元件箱

四、实验内容

1. 测量有源线性二端网络的外特性

① 按图 3 - 3 - 6 实验电路接线，点画线框内为有源二端网络。设 $U_\text{S} = 12$ V，$R_1 = 100$ Ω，$R_2 = 200$ Ω，$R_3 = 500$ Ω。

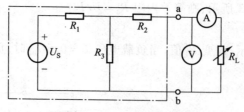

图 3 - 3 - 6　实验电路

② 改变负载电阻 R_L，测量有源二端网络的伏安特性曲线 $U = f(I)$，将测量的数据填入表 3 - 3 - 1 中。

2. 测量无源二端网络的等效电阻 R_0

根据表 3 - 3 - 1 所测有源二端网络的开路电压 U_OC 和短路电流 I_SC，求等效电阻 $R_0 = U_\text{OC}/I_\text{SC}$，或采用其他方法求等效电阻 R_0。

表 3 - 3 - 1   有源二端网络的外特性

R_L/Ω	0	70	200	350	500	700	1 000	1 300	∞
U/V									$U_{oc} =$
I/mA	$I_{sc} =$								

3. 验证戴维宁定理

① 从电阻箱上调出电阻 R_0,直流稳压电源输出调为 U_{oc},将两者串联起来,按照图 3 - 3 - 1(b)构成戴维宁等效电路。

② 改变负载电阻 R_L,重复测量在各电阻值下的电流和电压,将测量的数据填入表 3 - 3 - 2 中。

表 3 - 3 - 2   戴维宁等效电路的外特性

R_L/Ω	0	70	200	350	500	700	1 000	1 300	∞
U/V									
I/mA									

五、实验注意事项

1. 在测量电流和电压时,注意测量仪表的量程,切勿使仪表超过量程。在实验过程中,电流表不可测量电压。

2. 电压源置零时不可将直流稳压电源短接。

3. 改接线路时,一定要关掉电源。

六、思考题

1. 有源二端网络的外特性是否与负载有关?

2. 在求有源二端网络等效电阻 R_0 时,如何理解"原有源二端网络中所有独立电源为零值"?实验中怎样将独立电源置零?

3. 若将直流稳压电源两端并入一个 3 kΩ 的电阻,对本实验的测试结果有无影响?为什么?

七、实验报告要求

1. 根据实验内容 1 和 3,将测得的电压和电流分别绘出外特性曲线,验证戴维宁定理的正确性。

2. 说明测量有源二端网络的开路电压和等效电阻的几种方法,并比较其优缺点及适用范围。

3. 对实验结果出现的误差进行分析和讨论。

3.4　典型电信号的观察与测量

一、实验目的

1. 熟悉示波器和函数信号发生器面板上各主要开关、旋钮的作用及其使用方法。

2. 掌握用示波器定量测量电压峰－峰值、有效值、周期、频率和相位的方法。

3. 学会用示波器观察电路的电压波形，判断电压与电流的相位关系。

二、实验原理

1. 函数信号发生器

函数信号发生器可输出一定范围的频率和幅度的正弦波、脉冲波、锯齿波等信号电压，其频率和幅度可在信号发生器频率范围和输出电压范围内任意选择。其面板旋钮主要有两个方面的作用，一是调节输出电压幅度的大小，二是调节输出电压的频率。

2. 交流毫伏表

交流毫伏表是用来测量正弦波信号电压有效值的，主要用其毫伏挡，它的工作频率具有一定的范围。

3. 示波器

示波器是常用的电子仪器之一，它可以将电压随时间的变化规律显示在荧光屏上，以便研究它的大小、频率、相位和其他的变化规律，还可以用来观测非线性失真。下面对示波器的测量方法加以说明。

（1）扫描光迹显示

将 CH 轴（CH1 或 CH2）输入耦合开关 DC－GND－AC 置于 GND 位置，触发方式开关置于自动（AUTO）位置，此时荧光屏出现扫描基线，适当调节辉度、聚焦、垂直位移、水平位移旋钮，使扫描基线设置合适，且亮度适中，光迹最细。

（2）显示稳定的被测波形

单踪显示时，将被测信号输入 CH1 或 CH2 通道，相应的 Y 选择开关置于 CH1 或 CH2 通道，触发信号选择置于 CH1 或 CH2 通道，输入信号耦合方式置于 AC 或 DC，选择扫描时间 TIME/DIV 至合适挡级，然后调节触发电平使波形稳定。

双踪显示时，将被测信号分别从 CH1 和 CH2 通道输入，相应的 Y 选择开关置于 AUDL，其他旋钮与单踪显示时相同，调节触发电平使波形稳定。

（3）测量电压

若测量交流信号，可以将 Y 输入信号耦合方式置于 AC；若测量直流信号或含有直流分量的信号时，可将 Y 输入信号耦合方式置于 DC。测量时将所测信号通道的灵敏度选择开关 VOLTS/DIV 置于合适的挡级，通道灵敏微调旋钮置于标准位置（位于 CAL 处），调节如前所述的其他旋钮使波形稳定，根据屏幕上呈现的波形所占格数及 VOLTS/DIV 所处位置的挡级，读出并计算被测电压值。被测信号的电压峰－峰值为：

$$U_{\mathrm{P-P}} = \mathrm{VOLTS/DIV}\ 所处挡级 \times 垂直方向所占格数$$

若使用 10:1 的探头，上述计算值应扩大 10 倍。

若测量直流信号或含有直流分量的信号时，应先将 Y 输入信号耦合方式置于 GND 位置，调节垂直位移旋钮至合适挡级，然后将 Y 输入信号耦合方式置于 DC，读取信号所占格数及 VOLTS/DIV 所处位置的挡级，挡级乘以格数即为被测电压值。

（4）测量时间

信号波形两点间的时间间隔可以用下述方法算出：将扫描时间微调旋钮置于标准位置（CAL 处），读取信号 TIME/DIV 以及扩展倍数开关的设定值，则

时间 = 时间/格设定值 × 被测时间的格数 × 扩展倍数设定值的倒数

（5）测量频率

测量时，先将扫描时间微调旋钮置于标准位置（位于 CAL 处），根据时间的测量方法，调节有关旋钮使波形稳定，由信号周期在水平方向所占格数和扫描时间 TIME/DIV 所处挡级读取并计算周期、频率。被测信号的周期 T 为：

$$T = \text{TIME/DIV 所处挡级} \times \text{水平方向所占格数}$$

被测信号的频率 f 为：

$$f = 1/T$$

（6）测量相位差

示波器旋钮调节和双踪显示时相同。当屏幕上出现两个稳定的波形时，由扫描时间开关所在的位置挡级和两信号水平相对位置，读取并计算两信号的时间差或相位差。若两信号波形如图 3 - 4 - 1 所示，由图可知：TIME/DIV = 1 ms，D = 1.5 DIV，则时间差 ΔT = 1.0 ms/DIV × 1.5 DIV = 1.5 ms，相位差 $\varphi = 2\pi \times \Delta T/T$，其中 T 为周期。

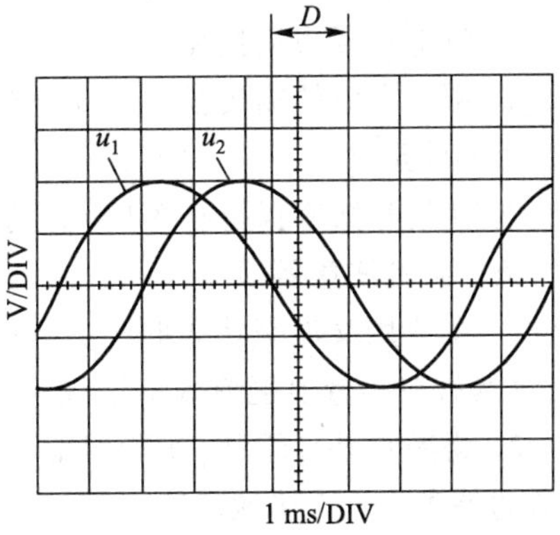

图 3 - 4 - 1 测量相位差

三、实验仪器

THGE - 1 型高级电工电子实验台

GOS620 双踪示波器

NY4520 交流毫伏表

四、实验内容

1. 双踪示波器的自检

① 熟悉示波器面板上各主要开关、旋钮的作用，分别将示波器两探头短接，调节辉度、聚焦、X 轴位移和 Y 轴位移等旋钮，置于合适位置，使屏幕上出现两条亮度适中的水平线。

② 将示波器的 Y 通道灵敏度 VOLTS/DIV 及扫描速度 TIME/DIV 旋钮置于"校准"位置，将测试仪器本身输出的"校准信号"输入到示波器，测量其电压峰 - 峰值及周期，比较测试值与示波器给出的标准值。

2. 正弦波信号的观测

① 将示波器的幅度和扫描速度微调旋钮旋至"校准"位置。

② 通过电缆线，将函数信号发生器的正弦波输出与示波器的 Y_A 插座相连。

③ 接通函数信号发生器的电源，选择正弦波输出。调节函数信号发生器的频率旋钮，使其输出频率分别为 50 Hz、1.5 kHz 和 10 kHz（由频率计读出）。

④ 调节函数信号发生器的电压输出，用交流毫伏表测出 5 mV、50 mV 和 1 V 三组数据。

⑤ 将正弦波信号接入示波器的 CH1 或 CH2 输入端。

a. 调节示波器旋钮使屏幕上出现 1 个、2 个、5 个完整的波形。

b. 测试该正弦波信号的电压幅值，并与交流毫伏表的测试值进行比较。

c. 测试该正弦波信号的频率，并与频率计的测试值进行比较。

⑥ 按照图 3 - 4 - 2 电路接线，用示波器观察两信号 u_i 和 u_R 波形，并测试它们之间的相位差。

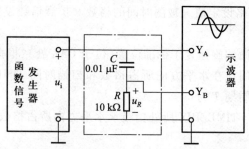

图 3-4-2　两波形相位差的测量电路

3. 方波脉冲信号的观测

① 将电缆插头换接在脉冲信号的输出插口上,选择信号源为方波输出。

② 调节方波的输出幅度为 3.0 U_{P-P}(用示波器测定),分别观察 100 Hz、3 kHz 和 30 kHz 方波信号的波形参数。

③ 使信号频率保持在 3 kHz,选择不同的幅度及脉宽,观察波形参数的变化。

五、实验注意事项

1. 在使用交流毫伏表时,为了防止过载而损坏,测量前一般先把量程开关置于量程较大位置上,然后在测量中逐渐减小量程。

2. 为防止外界干扰,实验时需要用到的外部交流供电仪器,如示波器、交流毫伏表等,这些仪器的外壳应可靠接地。

3. 示波器的辉度不要过亮。调节仪器各旋钮时,动作不要过快、过猛。

六、思考题

1. 说明用示波器观察正弦波电压,若荧光屏上分别显示图 3-4-3 所示的波形,是哪些旋钮位置不对? 应如何调节?

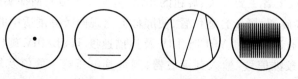

图 3-4-3　思考题 1 图

2. 说明函数信号发生器面板上的 0 dB、20 dB、40 dB 和 60 dB 在控制输出电压时的合理运用。当该仪器输出电压(有效值)最大为 6 V,需要输出电压为 100 mV 时,衰减应置于多少分贝合适?

3. 有一正弦信号,使用 Y 通道灵敏度为 10 mV/DIV 的示波器进行测量,测量时信号经过10∶1 的衰减探头加到示波器上,测得荧光屏上波形的高度为 7.07 DIV,则该信号的峰值、有效值各为多少?

七、实验报告要求

1. 整理实验中显示的各种波形,绘制有代表性的波形。

2. 对于图 3-4-2 所示电路,理论计算两波形的相位差并与实验结果进行比较,分析误差产生的原因。

3. 总结各仪器使用时应注意的问题。

3.5　一阶 RC 电路的时域响应

一、实验目的

1. 学习用示波器观察和分析电路的时域响应。
2. 研究一阶 RC 电路在方波激励情况下充、放电的基本规律和特点。
3. 研究时间常数 τ 的意义,了解微分电路和积分电路的特点。

二、实验原理

1. 一阶电路的响应

如果电路中的储能元件只有一个独立的电感或一个独立的电容,则相应的微分方程是一阶微分方程,称为一阶电路,常见的一阶电路有 RC 电路和 RL 电路。

对于一阶电路,可用一种简便的方法即三要素法直接求出电压及电流的响应,即

$$f(t) = f(\infty) + [f(0_+) - f(\infty)] e^{-\frac{t}{\tau}}$$

式中,$f(t)$ 既可代表电压,也可以代表电流;$f(0_+)$ 代表电压或电流的初始值;$f(\infty)$ 代表电压或电流的稳态值;τ 为一阶电路的时间常数。对于 RC 电路,$\tau = RC$,对于 RL 电路,$\tau = L/R$。

如图 3 – 5 – 1 所示 RC 电路,开关在位置 1 时电路已处于稳态,$u_c(0_-) = U_s$。在 $t = 0$ 时将开关 S 接至位置 2,此时为 RC 电路的零输入响应。随着时间 t 的增加,电容电压由初始值开始按指数规律衰减,电路工作在瞬态过程中,直到 $t \to \infty$,瞬态过程结束,电路达到新的稳态。电容电压波形如图 3 – 5 – 2 中曲线①所示,表达式为 $u_C(t) = U_s e^{-t/RC}$。

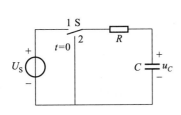

图 3 – 5 – 1　RC 电路

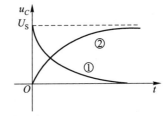

图 3 – 5 – 2　零输入响应和零状态响应波形

如图 3 – 5 – 1 所示 RC 电路,当开关在位置 2 时电路已处于稳态,$u_c(0_-) = 0$。在 $t = 0$ 时将开关 S 接至位置 1,此时为 RC 电路的零状态响应。随着时间 t 的增加,电容开始充电,电压由零开始按指数规律增长,直到 $t \to \infty$,瞬态过程结束,电路达到新的稳态。电容电压波形如图 3 – 5 – 2 中曲线②所示,表达式为 $u_C(t) = U_s(1 - e^{-t/RC})$。

2. 时间常数 τ 的测量

RC 电路的时间常数 $\tau = RC$,当 C 用法[拉](F)、R 用欧[姆](Ω)为单位时,RC 的单位为秒(s)。RC 电路的时间常数决定了电容电压衰减的快慢,当 $t = (3 \sim 5)\tau$ 时,u_c 与稳态值仅差 $0.7\% \sim 5\%$,在工程实际中通常认为经过 $(3 \sim 5)\tau$ 后,电路的瞬态过程已经结束,电路已经进入稳定状态了。下面介绍三种时间常数 τ 的确定方法。

① 由电路参数进行计算。

RC 电路中的时间常数 τ 正比于 R 和 C 之乘积,$\tau = RC$。适当调节参数 R 和 C,就可控制 RC

电路瞬态过程的快慢。

② 由电路的响应曲线求得。

设电容电压 u_c 的曲线如图 3-5-2 中①所示，由于 $u_c(\tau) = u_c(0_+)\mathrm{e}^{-1} = 0.368u_c(0_+)$，所以当 u_c 衰减到初始值的 36.8% 时，对应的时间坐标即为时间常数 τ。另外，也可以选任意时刻 t_0 的电压 $u_c(t_0)$ 作为基准，当数值下降为 $u_c(t_0)$ 的 36.8% 时，所需要的时间也正好是一个时间常数 τ。

③ 对零输入响应曲线画切线确定时间常数。

在工程上可以用示波器来观察 RC 电路 u_c 的变化曲线。可以证明，u_c 的指数曲线上任意点的次切距长度 ab 乘以时间轴的比例尺均等于时间常数 τ，如图 3-5-3 所示。

3. 一阶电路的应用

（1）微分电路

在输入周期性矩形脉冲信号作用下，RC 微分电路把矩形波变为尖脉冲必须满足两个条件：① $\tau \ll t_w$；② 从电阻两端取输出电压 u_0。

RC 微分电路如图 3-5-4 所示，设 $u_c(0_-) = 0$，输入信号 u_I 是占空比为 50% 的脉冲序列。在 $0 \leq t < t_w$ 时，电路相当于接入阶跃电压，输出电压为 $u_0 = U_s\mathrm{e}^{-\frac{t}{\tau}}$，电容的充电过程很快完成，输出电压也跟着很快衰减到零，因而输出 u_0 是一个峰值为 U_s 的正尖脉冲，波形如图 3-5-5 所示。在 $t_w \leq t < T$ 时，输入信号 u_I 为零，输入端短路，电路相当于电容初始电压值为 U_s 的放电过

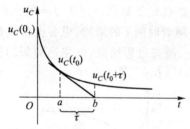

图 3-5-3 从 u_c 的曲线上估算 τ

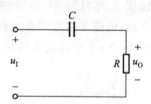

图 3-5-4 RC 微分电路

程，其输出电压为 $u_0 = -U_s\mathrm{e}^{-\frac{t-t_w}{\tau}}$，当时间常数 $\tau \ll t_w$ 时，电容的放电过程很快完成，输出 u_0 是一个峰值为 $-U_s$ 的负尖脉冲，波形如图 3-5-5 所示。

（2）积分电路

在输入周期性矩形脉冲信号作用下，RC 积分电路把矩形波变为三角波必须满足两个条件：① $\tau \gg t_w$；② 从电容两端取输出电压 u_0。

RC 积分电路如图 3-5-6 所示，在脉冲序列作用下，电路的输出 u_0 将是和时间 t 基本上成线性关系的三角波电压，如图 3-5-7 所示。由于 $\tau \gg t_w$，因此在整个脉冲持续时间内（脉宽 t_w 时间内），电容两端电压 $u_c = u_0$ 缓慢增长。u_c 还远未增长到稳态值时，脉冲已消失（$t = t_w = T/2$）。然后电容缓慢放电，但输出电压 u_0（即电容电压 u_c）缓慢衰减。u_c 的增长和衰减虽仍按指数规律变化，但由于 $\tau \gg t_w$，其变化曲线尚处于指数曲线的初始阶段，近似为直线段，所以输出 u_0 为三角波电压。

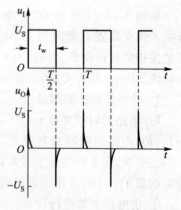

图 3-5-5 RC 微分电路的波形

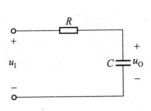

图 3 - 5 - 6 RC 积分电路

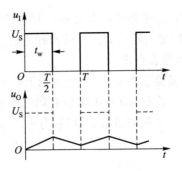

图 3 - 5 - 7 RC 积分电路的波形

三、实验仪器

THGE – 1 型高级电工电子实验台

GOS620 双踪示波器

HE – 14 元件箱

四、实验内容

1. 一阶 RC 电路响应的测量

观察方波输入一阶 RC 电路的响应。按图 3 – 5 – 8 接线,调节函数信号发生器使其输出幅度 $U_S = 4$ V、周期 $T = 2$ ms 的方波信号,用示波器观察并描绘波形。

① 取 $C = 0.1$ μF,$R = 1$ kΩ,用示波器观察并描绘响应波形,同时定量读取时间常数 τ 值。

② 其他参数不变,改变 $R = 2$ kΩ,观察响应波形的变化,进一步观察不同 τ 值对响应的影响。

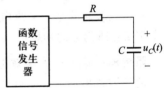

图 3 – 5 – 8   一阶 RC 电路

2. 微分、积分电路

① 按图 3 – 5 – 4 所示的 RC 微分电路连接线路。输入幅度 $U_S = 5$ V、周期 $T = 2$ ms 的方波信号,$C = 0.1$ μF,$R = 500$ Ω,用示波器观察微分电路的输入与输出波形,并把它们描绘出来。

② 按图 3 – 5 – 6 所示的 RC 积分电路连接线路。输入幅度 $U_S = 5$ V、周期 $T = 2$ ms 的方波信号,$C = 1$ μF,$R = 10$ kΩ,用示波器观察微分电路的输入与输出波形,并把它们描绘出来。

五、实验注意事项

1. 函数信号发生器的接地端与示波器的接地端要连在一起,以防外界干扰而影响测量的正确性。

2. 用示波器观察波形时,应随被测量信号幅值的不同,改变幅值开关位置,使波形清晰可见。

3. 示波器的辉度不应过亮,尤其是光点长期停留在荧光屏上不动时,应将辉度调暗,以延长示波管的使用寿命。

六、思考题

1. 当电容具有一定初始值时,RC 电路在阶跃激励下是否一定会出现瞬态现象?为什么?

2. 已知一阶 RC 电路,$C = 0.1$ μF,$R = 10$ kΩ,试计算时间常数 τ,并根据 τ 值的物理意义,拟订测量 τ 的方案。

3. 何为积分电路和微分电路？它们必须具备什么条件？它们在方波序列脉冲的激励下，输出信号波形的变化规律如何？这两种电路有何功用？

七、实验报告要求

1. 根据实验观测结果，在坐标纸上画出各种响应的输入、输出波形。

2. 在响应波形 $u_c(t)$ 中求出时间常数 τ，并与计算值相比较，说明影响 τ 的因素。

3. 根据实验观测结果，总结积分电路和微分电路的形成条件，阐明波形变换的特征。

3.6　阻抗的测定

一、实验目的

1. 理解交流电路中电压与电流的相量关系。

2. 掌握用交流电压表、交流电流表和功率表，即三表法测量交流电路阻抗的方法。

3. 进一步学习高级电工电子实验台中交流电路仪器仪表的使用方法。

二、实验原理

1. 用三表法测量元件参数

所谓三表法就是用交流电压表、交流电流表、功率表测电路元件或无源网络的电压 U、流过的电流 I 和所消耗的功率 P，然后再通过计算得出元件参数，其关系式为

阻抗模：$|Z| = U/I$；等效电阻：$R = P/I^2$；等效电抗：$X = \sqrt{|Z|^2 - R^2}$；

功率因数角：$\varphi = \arccos(P/UI)$；

电抗：$X = X_L = 2\pi fL$ 或 $X = X_C = \dfrac{1}{2\pi fC}$

以上交流参数的计算公式是在忽略仪表内阻的情况下得出的，三表法有两种接线方式，如图 3 - 6 - 1 所示。

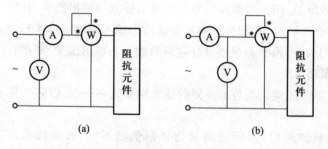

图 3 - 6 - 1　三表法接线图

对图 3 - 6 - 1(a) 所示电路，校正后的参数为

$$R' = R - R_I = P/I^2 - R_I, \quad X' = X - X_I = \sqrt{|Z|^2 - R^2} - X_I$$

式中，R、X——校正前根据测量计算出的电阻值和电抗值；

R_I、X_I——电流表线圈及功率表电流线圈的总电阻值和总电抗值；

R'、X'——校正后的电阻值和电抗值。

对图 3 - 6 - 1(b) 所示电路，校正后的参数为

$$R' = \frac{U^2}{P'} = \frac{U^2}{P - P_U} = \frac{U^2}{P - U^2 \left/ \left(\dfrac{R_U \cdot R_{WU}}{R_U + R_{WU}} \right) \right.}, \quad X' \approx X$$

式中,P——功率表测得的功率;

P_U——电压表与功率表电压线圈所消耗的功率;

P'——校正后的功率值;

R_U——电压表内阻;

R_{WU}——功率表电压线圈内阻。

2. 阻抗性质的判定

在交流电路中测量等效阻抗,除了要得到数值的大小之外,还需判断阻抗的性质,即为容性还是感性。方法有:

① 直接观察电压与电流之间的相位差。电流超前于电压为容性;电流滞后于电压则为感性。

② 在待测元件上并接电容 C',观察 $\cos \varphi$ 和总电流的变化规律。若 $\cos \varphi$ 下降且总电流增大,则阻抗元件为容性;否则,阻抗元件为感性。

三、实验仪器

THGE – 1 型高级电工电子实验台

HE – 19 元件箱

HE – 11 元件箱

四、实验内容

① 按图 3 – 6 – 2 所示电路接线,阻抗元件用电感线圈 L(约为 240 mH),使调压器指零,接通电源,旋转调压器手轮,逐渐增大电压,使电流分别等于 1 A 和 2 A,读取相应的电压和功率,记于表 3 – 6 – 1 中,然后计算出 R 和 X。

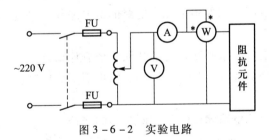

图 3 – 6 – 2 实验电路

表 3 – 6 – 1 线圈的阻抗($f = 50$ Hz)

I/A	U/V	P/W	R/Ω	X/Ω
1				
2				

$$R_{平均} = \underline{\quad} \Omega \qquad X_{平均} = \underline{\quad} \Omega$$

② 电路图不变,但阻抗元件改用电容器 C(约取 8 μF 或 10 μF),调节调压器,使电压分别为 100 V 和 200 V,读取相应的电流和功率,记录于表 3 – 6 – 2 中,并计算 R 和 X。

表 3 - 6 - 2 电容器的阻抗($f=50$ Hz)

U/V	I/A	P/W	R/Ω	X/Ω
100				
200				

$$R_{平均} = \underline{\quad}\ \Omega \qquad X_{平均} = \underline{\quad}\ \Omega$$

③ 电路图不变,阻抗元件用线圈和电容器并联组合而成(L 和 C 值分别与①和②相同),调节调压器,使电流分别等于 1 A 和 2 A,读相应的电压和功率,计算 R 和 X,记于表 3 - 6 - 3 中。

表 3 - 6 - 3 线圈和电容器相并联的阻抗 ($f=50$Hz)

I/A	U/V	P/W	R/Ω	X/Ω
1				
2				

$$R_{平均} = \underline{\quad}\ \Omega \qquad X_{平均} = \underline{\quad}\ \Omega$$

④ 以上内容的阻抗元件为电容器和电感的并联组合,为了确定此时电路等效阻抗的性质或等效电抗的符号,在其端电压不变的条件下,可并联一个测试电容 C'(2 μF)于阻抗元件两端。若总电流增大且 $\cos\varphi$ 下降,说明阻抗元件为容性,$X < 0$;否则阻抗元件为感性。

五、实验注意事项

1. 仪表量程选择:为了便于读数和功率表的安全,各表量程要对应,即电流表与功率表电流量程要一致,电压表与功率表电压量程一致。

2. 改变电路参数一定在先断电的情况下进行。

3. 调节调压器升高电压时,注意监视电流表的指示,以防超出量程范围。

4. 注意安全,接通电源后,切勿用手触摸电路的带电部分。

六、思考题

1. 如何用并联电容的方法来判断阻抗的性质?还有什么方法可以判断?

2. 复习调压器的使用方法,说明为什么输入、输出端不能接错。

七、实验报告要求

1. 总结直流电路和交流电路测试时的相同与不同之处。

2. 列出所有记录表格,整理测试数据,进行必要的误差分析。

3.7 荧光灯电路及功率因数的提高

一、实验目的

1. 了解荧光灯电路的工作原理与接线,学习分析故障的方法。

2. 深刻理解交流电路中电压、电流的大小和相位的关系。

3. 学习提高功率因数的方法,进一步理解提高功率因数的意义。

二、实验原理

1. 荧光灯工作原理

荧光灯由灯管、镇流器(带铁心的电感线圈)和启辉器组成,如图 3 - 7 - 1 所示。灯管是荧光灯的发光部件,在电路中可等效为电阻 R。镇流器是荧光灯的限流部件,可等效为电阻 r 和电感 L 的串联。启辉器是荧光灯的启动部件,正常工作时在电路中不起作用。

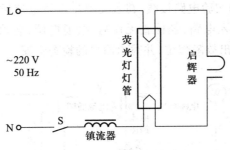

图 3 - 7 - 1 荧光灯电路

当电源接通后,启辉器内发生辉光放电,双金属片受热弯曲,触点接触,使灯丝预热发射电子。启辉器接通后,辉光放电停止,双金属片冷却,又把触点断开。这时镇流器感应出高电压,并与电源同时作用在灯管两电极间,使灯管内气体电离产生弧光放电,涂在灯管内壁的荧光物质发出可见光,灯管放电后,镇流器在电路中起降压限流作用,灯管电压(即启辉器两端电压)低于电源电压,不足以再启动启辉器,即启辉器断路而停止工作,这时荧光灯电路在性质上相当于一个 RL 串联电路。

由于镇流器相当于一个大电感,所以日光灯电路是一感性负载,且功率因数较低,约为 0.5。

2. 提高功率因数的方法

功率因数过低,一方面不能充分利用电源容量,另一方面增加了传输线上的损耗。提高功率因数的任务是减小电源与负载间的无功互换规模,而不改变原负载的工作状态,常用的方法是在感性负载两端并联补偿电容器,抵消负载电流的一部分无功分量,如图 3 - 7 - 2(a)所示。

感性负载并联补偿电容后,线路功率因数由 $\cos \varphi_1$ 提高到 $\cos \varphi$,结合如图 3 - 7 - 2(b)所示相量图可求出所需并联的电容值为

$$C = \frac{P}{\omega U^2}(\tan \varphi_1 - \tan \varphi)$$

其中,φ_1、φ 分别为并 C 前、后的功率因数角;P 为负载的有功功率;U 为电源电压;ω 为电源角频率。

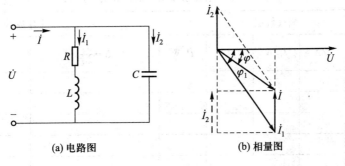

(a) 电路图   (b) 相量图

图 3 - 7 - 2 提高功率因数的方法

三、实验仪器

THGE－1 型高级电工电子实验台

HE－16 交流电路实验箱(一)

四、实验内容

1. 荧光灯电路的接线与测量

① 按图 3－7－3 所示的实验电路接线,在各支路中串接电流插座(可以用一只电流表测量各支路电流),再将功率表接入电路,经检查无误后,接通电源,启动荧光灯。如不能正常工作,可以用验电笔或用万用表查出故障部位,并写出简单的检查步骤。

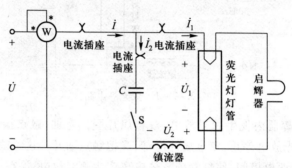

图 3－7－3　实验电路图

② S 断开时,测量电源电压 U、灯管电压 U_1、镇流器电压 U_2 及电路电流 I、功率 P,并填入表 3－7－1中。

表 3－7－1　荧光灯实验数据

测量数据					计算数据				
U/V	U_1/V	U_2/V	I/A	P/W	$R = \dfrac{P}{I^2}$	$\lvert Z \rvert = \dfrac{U}{I}$	$X_L = \sqrt{\lvert Z \rvert^2 - R^2}$	$L = \dfrac{X_L}{2\pi f}$	$\cos\varphi = \dfrac{P}{UI}$

2. 电路功率因数的提高

① 将 S 闭合,电容值由 $C = 0$ 逐渐增大,每改变一次电容值,测量一次有关参数,填入表 3－7－2 中。

② 在同一坐标纸上绘制 $\cos\varphi$ 和总电流 I 随电容变化的曲线,并分析曲线成因。

表 3－7－2　电路功率因数的提高实验数据

电容器 C	测量数据					计算数据	
	U/V	I/A	I_1/A	I_2/A	P/W	$C = \dfrac{I_2}{\omega U}$	$\cos\varphi = \dfrac{P}{UI}$
1 μF							
2.2 μF							
4.7 μF							
5.7 μF							
6.9 μF							

五、实验注意事项

1. 线路接线正确,荧光灯不能启辉时,应检查启辉器及其接触是否良好。

2. 功率表不能单独使用,一定要有电压表和电流表检测,电压表和电流表的读数不超过功率表电压和电流的量程。

3. 每次改变线路都必须先断开电源。在实验时注意不要接触裸露的部分,避免发生触电事故。

六、思考题

1. 在日常生活中,当荧光灯上缺少了启辉器时,人们常用一导线将启辉器的两端短接一下,然后迅速断开,使荧光灯点亮;或用一只启辉器去点亮多只同类型的荧光灯,这是为什么?

2. 为了提高电路的功率因数,常在感性负载上并联电容器,此时增加了一条电流支路,试问电路的总电流是增大还是减小?感性负载上的电流和功率是否改变?

3. 提高感性负载电路的功率因数,为什么只采用并联电容的方法,而不采用串联法?所并电容是否越大越好?

七、实验报告要求

1. 根据实验数据,完成表格中的各项计算,进行必要的误差分析。

2. 根据实验数据,分别绘出电压、电流的相量图,验证相量形式的基尔霍夫定律。

3. 根据表 3-7-2 中的数据,计算 $\cos \varphi$,总结电容从小到大变化时,表中数据的变化规律。

3.8   *RLC* 串联谐振电路的研究

一、实验目的

1. 加深理解 *RLC* 串联电路发生谐振的条件、特点,掌握电路品质因数的物理意义。

2. 学习测定 *RLC* 串联谐振电路的频率特性曲线。

3. 学会交流毫伏表的使用,并进一步熟悉函数信号发生器。

二、实验原理

1. *RLC* 串联电路的复阻抗

RLC 串联电路如图 3-8-1 所示,其电压关系为 $\dot{U}_S = \dot{U}_R + \dot{U}_L + \dot{U}_C$。

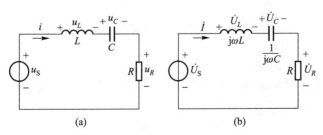

| (a) | (b) |

图 3-8-1   *RLC* 串联电路

复阻抗是电源角频率 ω 的函数,即

$$Z = R + j\omega L + \frac{1}{j\omega C} = R + j\left(\omega L - \frac{1}{\omega C}\right) = R + j(X_L - X_C) = R + jX = |Z|\underline{/\varphi}$$

式中,Z 称为电路的复阻抗,R 为电阻,X 称为电抗,感抗 X_L 与容抗 X_C 总为正值,而电抗是一个代数量,可正可负。$|Z|$ 为阻抗模,φ 为阻抗角。

$$|Z| = \sqrt{R^2 + \left(\omega L - \frac{1}{\omega C}\right)^2}, \varphi = \arctan\left(\omega L - \frac{1}{\omega C}\right) \Big/ R$$

当 $X_L > X_C$ 时,$\varphi > 0$,$\dot{U}$ 超前于 $\dot{I}$,总效果是电感性质,称为阻感性电路。

当 $X_L < X_C$ 时,$\varphi < 0$,$\dot{U}$ 滞后于 $\dot{I}$,总效果是电容性质,称为阻容性电路。

当 $X_L = X_C$ 时,$\varphi = 0$,$\dot{U}$ 与 $\dot{I}$ 同相位,电路呈纯阻性,称为谐振电路。

2. RLC 串联谐振的特点

串联谐振的条件:$X_L = X_C$。

串联谐振的频率:$f_0 = \dfrac{1}{2\pi\sqrt{LC}}$

串联谐振的特点:

① 谐振时电路的阻抗为最小,即

$$|Z_0| = \sqrt{R^2 + (X_L - X_C)^2} = R$$

② 电压一定时,谐振时电流为最大,即

$$I_0 = \frac{U}{\sqrt{R^2 + (X_L - X_C)^2}} = \frac{U}{R}$$

③ 谐振时电感与电容上的电压大小相等、相位相反,$\dot{U}_L = -\dot{U}_C$,串联谐振又称为电压谐振。串联谐振的相量图如图 3-8-2 所示。各元件上的电压分别为

$$\dot{U}_R = R\dot{I} = \dot{U}$$

$$\dot{U}_C = \frac{\dot{I}}{j\omega_0 C} = -j\frac{1}{\omega_0 RC}\dot{U} = -jQ\dot{U}$$

$$\dot{U}_L = j\omega_0 L\dot{I} = j\omega_0 L\frac{\dot{U}}{R} = jQ\dot{U}$$

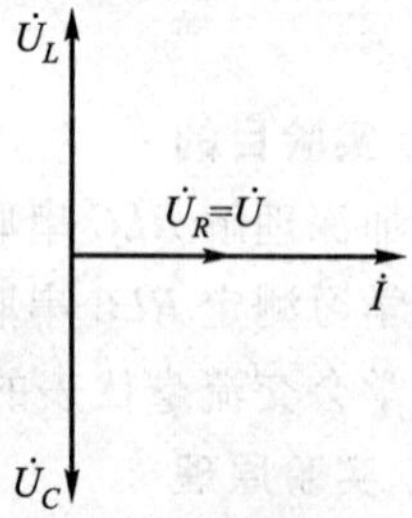

图 3-8-2　串联谐振时的相量图

串联谐振时的品质因数为

$$Q = \frac{U_L}{U} = \frac{U_C}{U} = \frac{\omega_0 L}{R} = \frac{1}{\omega_0 RC} = \frac{1}{R}\sqrt{\frac{L}{C}}$$

通常品质因数 $Q \gg 1$,品质因数 Q 是用来衡量幅频特性曲线陡峭程度的,Q 值的大小反映了电路对输入信号频率的选择能力。

3. RLC 串联电路的频率特性

电源电压一定,改变频率时,X_L、X_C、$|Z|$、I、U_L 和 U_C 均随频率 f 的改变而变化。

回路电流 I 与频率的关系为

$$I = \frac{U}{|Z|} = \frac{U}{\sqrt{R^2 + \left(\omega L - \frac{1}{\omega C}\right)^2}}$$

$$= \frac{U}{R\sqrt{1 + Q^2\left(\frac{\omega}{\omega_0} - \frac{\omega_0}{\omega}\right)^2}}$$

$$= \frac{I_0}{\sqrt{1 + Q^2 \left(\dfrac{f}{f_0} - \dfrac{f_0}{f}\right)^2}}$$

根据上式可以画出 $I(f)$ 曲线如图 3-8-3 所示。从图中曲线可知：当电路参数 L、C 确定，电压一定时，Q 值的大小只取决于 R 的大小。R 越小，Q 值越高，谐振时的电流 I_0 就越大，所得到的曲线 $I(f)$ 就越尖锐。可以证明：通频带 $\Delta f = f_H - f_L = \dfrac{f_0}{Q}$。

电感和电容上的电压与频率的关系为 $U_L = \omega L I$，$U_c = \dfrac{1}{\omega C} I$。谐振时的电流 I_0 最大，但 $\omega_0 L$ 不是最大，因而 U_{L0} 不是最大，U_L 的峰值出现在 f_H 处，$f_H > f_0$。同样谐振时的 U_{c0} 不是最大，U_c 的峰值出现在 f_L 处，$f_L < f_0$。$U_L(f)$、$U_c(f)$ 的频率特性如图 3-8-4 所示。电压峰值频率 f_L 和 f_H 随 Q 值的提高而靠近谐振频率 f_0。实际应用的 *RLC* 串联电路的 Q 值均很高，$f_L \approx f_0$，所以通常以 $U_c(f)$ 曲线来表示它的频率特性。

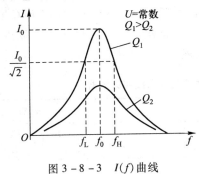

图 3-8-3 $I(f)$ 曲线

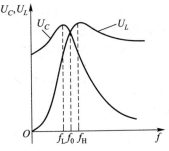

图 3-8-4 $U_L(f)$ 和 $U_c(f)$ 曲线

三、实验仪器

THGE-1 高级电工电子实验台

NY4520 交流毫伏表

电容电感箱

HE-19 元件箱

四、实验内容

1. 观察 *RLC* 串联电路的谐振现象，确定谐振点

本实验采用图 3-8-5 所示电路，所用电源为函数信号发生器，由它可以获得一个具有一定有效值而频率可变的正弦电压。由于实验是在音频范围内进行，因而必须采用交流毫伏表来测量电路的有关电压。同时，对电流 I 的测量是借助测量一个已知电阻的电压来实现，而不是用电流表来直接测量。

① 按图 3-8-5 所示电路接好线路，选择 $R = 50\ \Omega$ 和 $200\ \Omega$，$C = 0.22\ \mu F$，$L = 100\ mH$。

② 将仪器调到待用状态。交流毫伏表：将量程置于 10 V 挡，开启电源开关使之预热。函数信号发生器：开启电源开关使之预热，电压输出调至功率输出，输出调节拉出并置于最小位置，频率范围为 200~2 000 Hz，波形为正弦波。

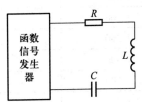

图 3-8-5 *RLC* 串联谐振实验电路图

③ 测量谐振频率点。选择 $R = 50\ \Omega$,用交流毫伏表测量函数信号发生器的输出电压为 3 V,用双踪示波器监视并保持不变,将交流毫伏表接在电阻两端,观察电阻电压随信号源频率的变化情况,改变频率使其在 $200 \sim 2\ 000$ Hz 之间变化,当电流最大即电阻电压 U_R 最大时便为谐振点。改变电阻值使 $R = 200\ \Omega$,重复上述步骤,将测量的数据填入表 3 - 8 - 1 中。

表 3 - 8 - 1　测量 *RLC* 串联谐振点的实验数据

测量条件	$U = 3$ V,$C = 0.22\ \mu$F,$L = 100$ mH					
	测量数据				计算数据	
测量内容	f_0/Hz	U_R/V	U_C/V	U_L/V	$\left(I = \dfrac{U_R}{R}\right)$/A	$Q = \dfrac{U_L}{U}$
$R = 50\ \Omega$						
$R = 200\ \Omega$						

2. 测量 *RLC* 串联电路的频率特性曲线 $U_L(f)$、$U_C(f)$、$U_R(f)$

保持信号源电压 $U = 3$ V,用双踪示波器监视并保持不变。测定 $R = 200\ \Omega$ 时 *RLC* 串联电路的频率特性。改变频率使其在 $200 \sim 2\ 000$ Hz 范围内变化,依次取若干个测量点,f_0 附近要密些,测量相应频率下的 U_L、U_C 和 U_R 值,将测量的数据填入表 3 - 8 - 2 中。

表 3 - 8 - 2　*RLC* 串联谐振电路的频率特性曲线实验数据

项目　类别　f/Hz	测量数据			计算数据
	U_L/V	U_C/V	U_R/V	$\left(I = \dfrac{U_R}{R}\right)$/A
200				
400				
500				
600				
700				
800				
900				
950				
1 000				
1 050				
1 100				
1 150				
1 200				
1 300				
1 400				
1 600				
1 800				
2 000				

五、实验注意事项

1. 测试频率点的选择应在靠近谐振频率附近多取几个点。在变换频率测试前,应调整信号输出幅度使其维持在 3 V。

2. 因同一频率下 U_R、U_C、U_L 的值偏差可能较大,所以测量时要注意随时改变交流毫伏表的量程。

3. 交流毫伏表输入接地端应与双踪示波器接地端相连。

六、思考题

1. 改变电路的哪些参数可以使电路发生谐振?电路中 R 的数值是否影响谐振频率?

2. 如何判别电路是否发生串联谐振?测量谐振点的方案有哪些?

3. 本实验在谐振时,对应的 U_L 和 U_C 是否相等?如有差异,原因何在?

七、实验报告要求

1. 由所得实验数据,在同一坐标系中画出 $R = 200\ \Omega$ 时的 $U_L(f)$、$U_C(f)$、$I(f)$ 频率特性曲线。

2. 通过本次实验,总结、归纳 RLC 串联谐振的特点。

3. 设计 RLC 并联谐振电路并分析之。

3.9　三相交流电路的测量

一、实验目的

1. 学会三相交流电路中负载的星形和三角形联结方法。进一步体会这两种接法的线电压与相电压、线电流与相电流间的基本关系。

2. 了解负载不对称星形联结时中线的作用及不对称时各相灯泡的亮暗程度与电压的关系。

3. 学习二瓦特表法在负载三角形联结中的应用。

二、实验原理

1. 三相对称电动势

大小相等、频率相同、彼此间隔120°的三个电动势称为三相对称电动势。即

$$e_A = E_m \sin \omega t$$
$$e_B = E_m \sin(\omega t - 120°)$$
$$e_C = E_m \sin(\omega t + 120°)$$

三相对称电动势的特点:三相对称电动势瞬时值之和与相量之和为零。即

$$e_A + e_B + e_C = 0$$
$$\dot{E}_A + \dot{E}_B + \dot{E}_C = 0$$

2. 三相电源的连接

三相电源的星形联结:把三相绕组的末端连接在一起称为中性点,从中性点引出的导线称为中性线;从三相绕组的首端 A、B、C 引出的导线称为相线。

相电压——相线与中性线间的电压称为相电压,有效值记作 U_P;

线电压——相线与相线间的电压称为线电压,有效值记作 U_L。

三相电源星形联结时,线电压与相电压的关系为 $U_\mathrm{L}=\sqrt{3}U_\mathrm{P}$。三相电源的线电压在相位上超前于首相电压30°。

三相电源的三角形联结:把三相绕组的首端和末端按顺序相接,形成一个回路,从首端 A、B、C 引出端线,当三相对称时,有 $U_\mathrm{L}=U_\mathrm{P}$。

3. 三相负载的连接

三相电路中,负载的连接方式有星形和三角形两种,星形联结中又分为有中性线的三相四线制和无中性线的三相三线制。三相负载中各相阻抗的大小和性质完全相同的称为三相对称负载,否则为三相不对称负载。三相负载中各电压和电流的关系如表 3-9-1 所示。由表 3-9-1 可知,在三相四线制中,对称负载的星形联结可以省去中性线,采用三相三线制;不对称负载的星形联结必须采用三相四线制供电,以保证三个负载的相电压对称,否则,负载不能正常工作,甚至损坏。

表 3-9-1　三相负载中各电压和电流的关系

负载接法		电压		电流	
		对称负载	不对称负载	对称负载	不对称负载
星形	有中性线	$U_\mathrm{L}=\sqrt{3}U_\mathrm{P}$	$U_\mathrm{L}=\sqrt{3}U_\mathrm{P}$	$I_\mathrm{L}=I_\mathrm{P}$, $I_\mathrm{N}=0$	$I_\mathrm{L}=I_\mathrm{P}$,$I_\mathrm{N}\neq0$ 线电流不对称
	无中性线	$U_\mathrm{L}=\sqrt{3}U_\mathrm{P}$	相电压不对称	$I_\mathrm{L}=I_\mathrm{P}$	$I_\mathrm{L}=I_\mathrm{P}$ 线电流不对称
三角形		$U_\mathrm{L}=U_\mathrm{P}$	$U_\mathrm{L}=U_\mathrm{P}$	$I_\mathrm{L}=\sqrt{3}I_\mathrm{P}$	相电流不对称, 线电流不对称

4. 三相电路的有功功率

三相电路的有功功率为各相有功功率之和,即 $P=P_\mathrm{A}+P_\mathrm{B}+P_\mathrm{C}$。当三相负载对称时,无论负载是星形联结还是三角形联结,有功功率均为 $P=3P_\mathrm{A}=3U_\mathrm{P}I_\mathrm{P}\cos\varphi=\sqrt{3}U_\mathrm{L}I_\mathrm{L}\cos\varphi$,式中,$\varphi$ 是 U_P 与 I_P 间的相位差,亦即负载的阻抗角。

测量三相电路的有功功率,如果三相四线制负载对称,测量其中一相的有功功率,再乘以3即可,此种方法称为一瓦法。当三相四线制负载不对称时,则必须分别测量出每相的有功功率,然后再相加,此种方法称为三瓦法。对于三相三线制系统,往往负载不允许拆开,无法测量出相电压和相电流,可采用二瓦法测量三相电路的有功功率。

本实验要求学生掌握二瓦法。所谓二瓦法就是在三相三线制中,无论三相负载对称与否,是星形联结还是三角形联结,均可以用两块单相功率表测量出三相总功率。实验电路如图 3-9-1 所示,图 3-9-1 中功率表 W_1 的电流支路串联接入 A 线,其电流为 $\dot{I}_\mathrm{A}$,电压支路并联接在 A、C 线之间,其电压为 $\dot{U}_\mathrm{AC}$;功率表 W_2 的电流支路串联接入 B 线,其电流为 $\dot{I}_\mathrm{B}$,电压支路并联接在 B、C

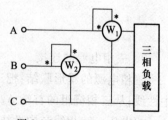

图 3-9-1　二瓦法测功率

线之间，其电压为 $\dot{U}_{BC}$，其中 A、B 线接功率表的发电机端，C 线接公共端。

功率表的偏转角与所接电压的有效值、电流的有效值以及该电压、电流的相位差的余弦的乘积成正比，因此 W_1、W_2 的读数分别为

$$P_1 = U_{AC}I_A\cos\varphi_1, P_2 = U_{BC}I_B\cos\varphi_2$$

式中，φ_1 为 $\dot{U}_{AC}$ 与 $\dot{I}_A$ 的相位差；φ_2 为 $\dot{U}_{BC}$ 与 $\dot{I}_B$ 的相位差。

单独来看，P_1、P_2 并不代表哪一相的有功功率，但两个功率表读数之和代表三相总有功功率。三相总有功功率为

$$P = P_1 + P_2 = U_{AC}I_A\cos\varphi_1 + U_{BC}I_B\cos\varphi_2$$

三、实验仪器

THGE－1 型高级电工电子实验台

HE－17A 交流电路实验箱(二)

四、实验任务

1. 三相负载的星形联结

将三相灯泡负载按图 3－9－2 接成星形联结，并接至三相电源上。在电路中串入电流插座，便于测量电流。注意测量前先根据负载大小与电源电压估算电流值，合理选择电流、电压表量程。

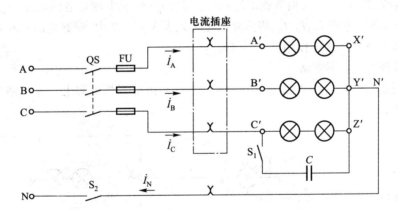

图 3－9－2 三相负载的星形联结电路

① 在有中性线(S_2 闭合)、三相负载对称(S_1 断开)的情况下测量各线电压 U_{AB}、U_{BC}、U_{CA}，相电压 U_A、U_B、U_C，各线电流 I_A、I_B、I_C 和中性线电流 I_N，将测量数据填入表 3－9－2 中。

表 3－9－2 三相负载的星形联结的电压、电流测量

负载情况	测量内容	线电压/V			相电压/V			相、线电流/A			中性线电流/A	中性点电压/V	灯泡亮暗程度
		U_{AB}	U_{BC}	U_{CA}	U_A	U_B	U_C	I_A	I_B	I_C	I_N	$U_{N'N}$	
对称	有中性线												
	无中性线												

续表

负载情况	测量内容	线电压/V			相电压/V			相、线电流/A			中性线电流/A	中性点电压/V	灯泡亮暗程度
		U_{AB}	U_{BC}	U_{CA}	U_A	U_B	U_C	I_A	I_B	I_C	I_N	$U_{N'N}$	
不对称	有中性线												
	无中性线												
一相开路	有中性线												
	无中性线												

② 在无中性线(S_2 断开)、三相负载对称(S_1 断开)的情况下测量各线电压 U_{AB}、U_{BC}、U_{CA},相电压 U_A、U_B、U_C,各线电流 I_A、I_B、I_C,将测量数据填入表 3-9-2 中,观察此时三相灯泡的亮度是否有所不同。

③ 在有中性线(S_2 闭合)、三相负载不对称(S_1 闭合)的情况下测量各线电压 U_{AB}、U_{BC}、U_{CA},相电压 U_A、U_B、U_C,各线电流 I_A、I_B、I_C,和中性线电流 I_N,将测量数据填入表 3-9-2 中,观察此时三相灯泡的亮度是否有所不同。

④ 无中性线(S_2 断开)、三相负载不对称(S_1 闭合)的情况下测量各线电压 U_{AB}、U_{BC}、U_{CA},相电压 U_A、U_B、U_C,各线电流 I_A、I_B、I_C,将测量数据填入表 3-9-2 中,观察此时三相灯泡的亮度是否有所不同,并分析中性线的作用。

2. 三相负载的三角形联结

将三相灯泡负载按图 3-9-3 接成三角形联结,并接至三相电源上。在电路中串入电流插座,便于测量电流。

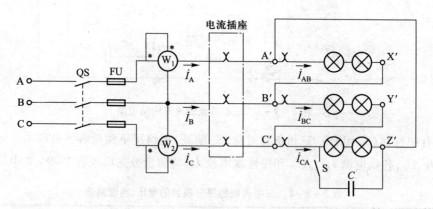

图 3-9-3　三相负载的三角形联结电路

① 在三相负载对称(S 断开)情况下测量各线电压 U_{AB}、U_{BC}、U_{CA},线电流 I_A、I_B、I_C 和相电流 I_{AB}、I_{BC}、I_{CA} 以及各功率表的读数,将测量数据填入表 3-9-3 中。

② 在三相负载不对称(S 闭合)情况下测量各线电压 U_{AB}、U_{BC}、U_{CA},线电流 I_A、I_B、I_C 和相电流 I_{AB}、I_{BC}、I_{CA} 以及各功率表的读数,将测量数据填入表 3-9-3 中。分析负载为三角形联结时,线电流与相电流之间的关系。

表 3 – 9 – 3 三相负载的三角形联结的电压、电流测量

测量内容 负载情况	线电压/V			相电流/A			线电流/A			线、相电流的关系	功率/W	
	U_{AB}	U_{BC}	U_{CA}	I_{AB}	I_{BC}	I_{CA}	I_A	I_B	I_C	有否$\sqrt{3}$关系	P_1	P_2
对称												
不对称												

五、实验注意事项

1. 本实验采用三相交流市电,线电压 380 V。实验时要注意人身安全,不可触及导电部件,防止意外事故发生。

2. 每次接线完毕,同组同学应自查一遍,然后由指导教师检查后,方可接通电源。必须严格遵守"先接线,后通电;先断电,后拆线"的实验操作原则。

六、思考题

1. 三相负载根据什么条件做星形或三角形联结?

2. 在三相四线制电路中,如果其中一相出现短路或开路,电路将会发生什么现象?是否会影响其他两相正常工作?

3. 负载为对称三角形联结的实验中,如果两相灯泡变暗,另一相正常,是什么原因?如果两相灯泡正常,一相灯泡不亮,又是什么原因?

七、实验报告要求

1. 根据实验数据,总结星形联结对称负载相电压与线电压之间的数值关系。

2. 根据实验数据,总结三角形联结对称负载相电流与线电流之间的数值关系。

3. 中性线的作用如何?总结三相四线制供电线路的注意事项。

第4章 模拟电子技术实验

4.1 二极管的检测与应用

一、实验目的

1. 掌握用万用表检测半导体二极管好坏的方法。
2. 了解稳压二极管、发光二极管的性能和使用方法。
3. 熟悉二极管应用电路的工作原理,并掌握其测试方法。

二、实验原理

1. 半导体二极管的基础知识

(1) PN结的特性

半导体有自由电子和空穴两种载流子参与导电。纯净的具有晶体结构的半导体称为本征半导体,本征半导体中掺入杂质后即成为杂质半导体。按掺入杂质的不同,有P型半导体和N型半导体两种。采用适当工艺将P型半导体和N型半导体紧密结合,在交界面形成PN结。PN结具有单向导电特性,加正向电压(P区接电源正极,N区接电源负极)时PN结正向导通,PN结的正向电压为:硅材料0.6~0.7 V,锗材料0.3 V;加反向电压(N区接电源正极,P区接电源负极)时PN结反向截止。反向电压过大,PN结被反向击穿,单向导电特性被破坏。

(2) 半导体二极管

半导体二极管是由一个PN结加上相应的电极引线和管壳构成的。从P区引出的电极称为阳极,从N区引出的电极称为阴极。PN结的基本特性,也就是二极管的基本属性。

伏安特性的正向电压区域呈非线性,当二极管承受的正向电压很低时,正向电流很小,称为死区。当二极管的正向电压超过死区电压后,电流迅速增长,正向电压维持基本不变,这一区域称为正向导通区。当二极管承受反向电压时,反向电流极小,这一区域称为反向截止区。当反向电压超过某一数值时,反向电流急剧增大,这种现象称为反向击穿。

普通二极管的主要参数有最大整流电流 I_{DM},反向峰值电压 U_{DRM}。二极管工作时其通过的电流小于、等于 I_{DM},所加的反向电压应小于、等于 U_{DRM}。选用二极管时要求反向电流越小越好,硅管的反向电流比锗管小得多。另外,要求二极管的正向压降越小越好。

2. 二极管的应用

二极管的应用很广,利用二极管的单向导电性及导通时正向压降很小的特点,可组成整流、检波、限幅、开关等电路;利用二极管的其他特性,可使其应用在稳压、变容、温度补偿等方面。

(1) 二极管整流电路

整流电路的作用是将交流电转换为单方向脉动电压。图4-1-1为单相半波整流电路,设 $u_i = \sqrt{2}U_2\sin\omega t$,则输入、输出波形如图4-1-2所示。

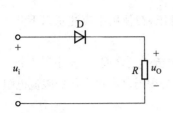

图 4-1-1 单相半波整流电路

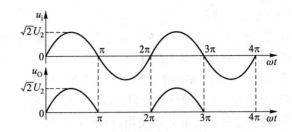

图 4-1-2 单相半波整流电路输入、输出波形

（2）二极管限幅电路

利用二极管正向导通时电压降很小且基本保持不变的特点，可以构成各种限幅器，主要是限制输出电压的幅度。二极管限幅电路如图 4-1-3 所示，设输入电压 $u_i = U_m \sin \omega t$ V，则输入、输出波形如图 4-1-4 所示。

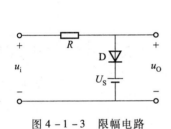

图 4-1-3 限幅电路

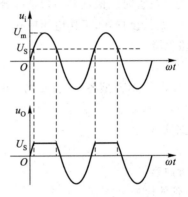

图 4-1-4 限幅电路输入、输出波形

（3）二极管与门电路

门电路是一种逻辑电路，在输入信号（条件）和输出信号（结果）之间存在着一定的因果关系即逻辑关系。如图 4-1-5 所示为二极管与门电路，是由二极管 D_1、D_2 和电阻 R 及电源 U_{CC} 组成的。图中 A、B 为两个输入端，F 为输出端。设 $U_{CC} = 5$ V，A、B 输入端的高电平（逻辑 **1**）为 3 V，低电平（逻辑 **0**）为 0 V，并忽略二极管 D_1、D_2 的正向导通压降。其输入、输出的逻辑关系与真值表如表 4-1-1、表 4-1-2 所示。

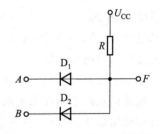

图 4-1-5 二极管与门电路

表 4-1-1 与门电路的逻辑电平

A/V	B/V	F/V
0	0	0
0	3	0
3	0	0
3	3	3

表 4-1-2 与门真值表

A	B	F
0	**0**	**0**
0	**1**	**0**
1	**0**	**0**
1	**1**	**1**

（4）稳压二极管

稳压二极管是一种特殊的面接触型硅二极管,主要用于稳压,在使用中应注意以下几点:

① 稳压二极管必须工作在反向击穿区。

② 稳压二极管工作时的电流应在稳定电流 I_z 和最大稳定电流 I_{zmax} 之间,电流小于 I_z 将失去稳压作用,大于 I_{zmax} 有可能使器件损坏,所以稳压二极管在使用时必须与之串接合适的限流电阻。

③ 稳压二极管不能并联使用,但可以串联使用。

（5）发光二极管

发光二极管是一种将电能直接转换成光能的光发射器件,简称 LED。发光二极管的驱动电压低、工作电流小,具有很强的抗震动和抗冲击能力、体积小、可靠性高、耗电少和寿命长等优点,广泛用于信号指示等电路中。在电子技术中常用的数码管,就是用发光二极管按一定的排列组成的。

使用发光二极管时应根据其参数选择合适的工作电流,电流太小则亮度不够,电流太大则功耗大且影响寿命,甚至损坏,工作电压应在 5 V 以下。

三、实验仪器

指针式万用表

二极管 2AP 型、2CP 型各 1 只;发光二极管 2 只

GOS620 双踪示波器

模拟电路实验箱

实验电路板

四、实验内容

1. 二极管的检测

（1）普通二极管的检测

将万用表置于 $R \times 1$ k 挡上,调零后用表笔分别正接、反接于二极管的两个管脚,这样可分别测得大、小两个阻值。其中较大的是二极管的反向电阻,较小的是二极管的正向电阻。测得正向电阻时,与黑表笔相连的是二极管的阳极（万用表置电阻挡时,黑表笔连接表内电池正极,红表笔连接表内电池负极）。

二极管的材料及二极管的质量好坏也可以从其正向电阻、反向电阻值中判断出来。一般硅二极管的正向电阻在几千欧至几十千欧之间,锗二极管的正向电阻在 500 Ω 至 1 kΩ 之间。二极管的质量好坏,关键是看它有无单向导电性能,正向电阻越小,反向电阻越大的二极管的质量越好。如果两次测量时万用表的指针摆动特别大则说明二极管是击穿的,如果摆动特别小则说明二极管是断路的。

（2）发光二极管的识别

发光二极管和普通二极管一样具有单向导电性,正向导通时才能发光。因采用的材料不同,可以发出红、橙、黄、绿、蓝等光。发光二极管在出厂时,一根引线做得比另一根引线长,通常,较长的引线为阳极,另一根为阴极。发光二极管工作电压一般在 1.5 ~ 2 V,允许通过的电流为 2 ~ 20 mA,电流的大小决定发光的亮度。电压、电流的大小依器件型号不同而稍有差异。

2. 二极管应用电路测试

（1）二极管限幅电路测试

按照图 4-1-3 所示电路接线,使基准电压 U_S=5 V,在输入端加频率为 1 kHz、幅度为 10 V 的正弦信号 u_i,用示波器观察输入 u_i 和输出 u_0 的波形,并记录于表 4-1-3 中。改变基准电压 U_S 的极性,观察输出电压 u_0 的波形有何变化,并记录于表 4-1-3 中。

表 4-1-3　二极管限幅电路测试表

基准电压	输入 u_i 波形	输出 u_0 波形
U_S = 5 V		
U_S = -5 V		

(2)二极管与门电路测试

按照图 4-1-6 所示二极管与门电路接线,调节电位器 R_P,使 U_I=3 V,并按表 4-1-4 所示,将 U_I 分别接至二极管与门电路的输入端 A 点和 B 点(凡 U_A、U_B 为 0 V 时,其 A 点和 B 点必须与地相接),用万用表测出相应的输出电压 U_0,并记录于表 4-1-4 中。

(3)稳压二极管稳压电路测试

① 按照图 4-1-7 所示稳压二极管稳压电路接线(R_L 不接),调节直流稳压电源的输出电压,按照表 4-1-5 所示的 U_I 值,R=620 Ω,用万用表测出相应的输出电压 U_0,并计算出相应的输出电流值,均记录于表 4-1-5 中。

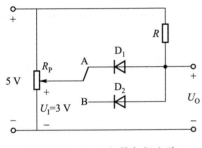

图 4-1-6　二极管与门电路

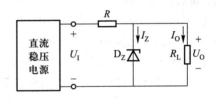

图 4-1-7　稳压二极管稳压电路

表 4-1-4　二极管与门电路测试表

U_A/V	U_B/V	U_0/V
0	0	
0	3	
3	0	
3	3	

表 4-1-5　稳压二极管稳压特性

U_I/V	9.00	12.0	14.0	15.0
U_0/V				
I_Z/mA				

② 将 U_I 调到 14 V,测量稳压电路输出端接入和断开 R_L 时的输出电压 U_O 的变化,然后求出稳压二极管的输出电阻 $R_O = \Delta U_O / \Delta I_O$,均记录于表 4 – 1 – 6 中。

表 4 – 1 – 6　稳压二极管输出电阻测试

$U_I = 14$ V	U_O/V	I_O/mA	I_Z/mA	R_O
$R_L = 750$ Ω				
$R_L = \infty$				

(4) 发光二极管电路测试

按照图 4 – 1 – 8 所示发光二极管电路接线,电源电压 U_I 分别为直流电压 3 V、4 V、5 V,$R = 620$ Ω,测出发光二极管端电压 U_O,计算电流并观察亮度的变化,均记录于表 4 – 1 – 7 中。

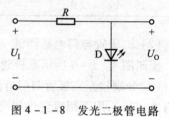

图 4 – 1 – 8　发光二极管电路

表 4 – 1 – 7　发光二极管电路测试表

U_I/V	3.0	4.0	5.0
U_O/V			
I/mA			
亮度变化			

五、实验注意事项

1. 所选用的二极管在使用时不能超过它的极限参数,特别注意不能超过最大整流电流和最高反向工作电压,并留有适当的余量。

2. 在高频下二极管的单向导电特性会变差。

3. 在分析设计电路时,注意稳压电路限流电阻的选择。

4. 二极管的型号应根据使用场合的不同来确定。

六、思考题

1. 查手册,说明 2AP9、2CZ52B、2CW54 符号的含义。

2. 什么是二极管的死区电压?为什么会出现死区电压?硅管和锗管的死区电压值约为多少?

3. 说明稳压二极管使用中应注意哪些问题?

七、实验报告要求

1. 将实验数据进行整理,并与理论值进行比较,分析产生误差的原因。

2. 画出二极管限幅电路的输入、输出波形,分析测试结果。

3. 根据表 4 – 1 – 4 中记录的数据,分析门电路的功能。

4.2　晶体管的简易测试

一、实验目的

1. 学会用万用表判别晶体管的各个管脚,并判定各个晶体管的类型、材料。

2．熟悉晶体管的直流参数的简单测试方法。

二、实验原理

1．晶体管的基础知识

（1）结构

晶体管是由两个 PN 结、三个电极组成的，这两个 PN 结靠得很近，工作时相互联系、相互影响，表现出与两个单独的 PN 结完全不同的特性。晶体管具有 NPN 型和 PNP 型两种结构，它们的工作原理相同，只是电源极性相反。

要使晶体管起放大作用，发射结必须正向偏置，集电结必须反向偏置，这是放大的外部条件。另外，发射区掺杂浓度比集电区掺杂浓度大，集电区掺杂浓度远远大于基区掺杂浓度，连接发射结与集电结的基区很薄，一般只有几微米。

（2）种类

晶体管主要有 NPN 型和 PNP 型两大类，可以由晶体管上标出的型号来识别。晶体管的种类划分如下。

① 按设计结构分为：点接触型、面接触型、硅平面型。

② 按工作频率分为：高频管、低频管、开关管。

③ 按功率大小分为：大功率管、中功率管、小功率管。

④ 从封装形式分为：金属封装、塑料封装。

（3）主要参数

① 直流参数。

集电极 – 基极反向电流 I_{CBO}。此值越小说明晶体管温度稳定性越好，一般小功率管约 10 μA 左右，硅晶体管更小。

集电极 – 发射极反向电流 I_{CEO}，也称为穿透电流。此值越小说明晶体管稳定性越好，过大说明这个晶体管不宜使用。

② 极限参数。

晶体管的极限参数有：集电极最大允许电流 I_{CM}；集电极最大允许耗散功率 P_{CM}；集电极 – 发射极反向击穿电压 $U_{(BR)CEO}$。

P_{CM}、$U_{(BR)CEO}$ 和 I_{CM} 这三个极限参数决定了晶体管的安全工作区。

③ 晶体管的电流放大系数。

晶体管的直流放大系数和交流放大系数近似相等，在实际使用时一般不再区分，都用 β 表示，也可用 h_{FE} 表示。

④ 特性频率 f_T。

晶体管的 β 值随工作频率的升高而下降，晶体管的特性频率 f_T 是当 β 下降到 1 时的频率值。也就是说，在这个频率下的晶体管已失去放大能力，因此晶体管的工作频率必须小于晶体管特性频率的一半以下。

（4）晶体管的选用

选用晶体管要依据它在电路中所承担的作用查阅晶体管手册，选择参数合适的晶体管型号。

① NPN 型和 PNP 型的晶体管直流偏置电路极性是完全相反的，具体连接时必须注意。

② 电路加在晶体管上的恒定或瞬态反向电压值要小于晶体管的反向击穿电压，否则晶体管

很易损坏。

③ 高频运用时,所选晶体管的特性频率 f_T 要高于工作频率,以保证晶体管能正常工作。

④ 晶体管运用时耗散的功率必须小于厂家给出的最大耗散功率,否则晶体管容易被热击穿。晶体管的耗散功率值与环境温度及散热、形状有关,使用时注意手册说明。

2. 晶体管的测试

晶体管内部有两个 PN 结,可以用万用表电阻挡测量 PN 结的正、反向电阻来确定晶体管的管脚、管型并可判断晶体管性能的好坏。

当晶体管上标记不清楚时,可以用万用表来初步确定晶体管的好坏及类型(NPN 型还是 PNP 型),并辨别出 E、B、C 三个电极。测试方法如下:

(1)判断基极和晶体管的类型

将指针式万用表电阻挡置 $R \times 100$ 或 $R \times 1\mathrm{k}$ 处,先假设晶体管的某极为基极,并把黑表笔接在假设的基极上,将红表笔先后接在其余两个极上,如果两次测得的电阻值都很小(约为几百欧至几千欧),则假设的基极是正确的,且被测晶体管为 NPN 型管;同理,如果两次测得的电阻值都很大(约为几千欧至几十千欧),则假设的基极是正确的,且被测晶体管为 PNP 型管。如果两次测得的电阻值是一大一小,则原来假设的基极是错误的,这时必须重新假设另一电极为基极,再重复上述测试。

(2)集电极和发射极的判别

测 NPN 型晶体管的集电极时,先在除基极以外的两个电极中假设一个为集电极,并将万用表的黑表笔搭接在假设的集电极上,红表笔搭接在假设的发射极上,用一个大电阻接基极和假设的集电极,如果万用表指针有较大的偏转,则以上假设正确;如果万用表指针偏转较小,则假设不正确。为准确起见,一般将基极以外的两个电极先后假设为集电极,进行两次测量,在万用表指针偏转较大的测量中,与黑表笔搭接的是晶体管的集电极。

(3)电流放大能力的估测

将万用表置于 $R \times 1\mathrm{k}$ 挡上,黑、红表笔分别与 NPN 型晶体管的集电极、发射极相接,测量集电极、发射极之间的电阻值。当用一电阻接于基极、集电极两管脚之间时,阻值读数会显现,即万用表指针右偏。晶体管的电流放大能力越大,则表针右偏的角度也越大。如果在测量过程中发现表针右偏的角度很小,则说明被测晶体管放大能力很低,甚至是劣质管。

(4)穿透电流 I_{CEO} 的检测

穿透电流可以用在晶体管集电极与电源之间串接直流电流表的办法来测量,也可以用万用表测晶体管集电极、发射极之间电阻的方法来定性检测。测量时,万用表置于 $R \times 1\mathrm{k}$ 挡上,红表笔与 NPN 型晶体管的发射极相接,黑表笔与集电极相接,基极悬空。所测集电极、发射极之间的电阻值越大,则漏电流就越小,管子的性能也就越好。

目前,万用表上均设有测量晶体管的插孔,只要把万用表功能置于 h_{FE} 挡并经校正,就可以很方便地测出晶体管的 β 值,并可以判别管型及管脚。

三、实验仪器

指针式万用表

$100\ \mathrm{k\Omega}$ 电阻 1 只

盖住型号的晶体管 4 只,标上 A、B、C、D 记号(3AX～、3BX～、3DG～、3CG～ 等),每只晶体

管的管脚标上 1、2、3 记号

坏晶体管 2 只(内部开路、击穿各 1 只),标上 E、F 记号

模拟电路实验箱

四、实验内容

1. 晶体三极管的判别

① 用万用表判别晶体管 A、B、C、D 的材料、类型及管脚名称,把判别结果填入表 4-2-1 中。

表 4-2-1 晶体管的判别结果

被测晶体管	A			B			C			D		
材料												
类型												
管脚名称	1	2	3	1	2	3	1	2	3	1	2	3

② 用万用表判别晶体管 E、F,把测得的结果填入表 4-2-2 中。

表 4-2-2 晶体管的测量结果

被测晶体管	E	F
测量结果		

2. 晶体管直流参数的测试

(1) I_{CBO} 的测量

测量 I_{CBO} 的电路如图 4-2-1 所示。在接通电源之前应复查一下电流表及晶体管的极性。通常小功率晶体管的 I_{CBO} 一般在 10 μA 以下。

(2) I_{CEO} 的测量

测量 I_{CEO} 的电路如图 4-2-2 所示。I_{CEO} 比 I_{CBO} 要大得多,测量时应注意选择电流表的量程。测试完毕后可将被测晶体管加温(如用手捏紧管壳),观察 I_{CEO} 随温度变化的情况。

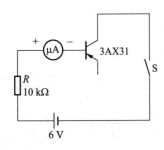

图 4-2-1 I_{CBO} 的测试电路

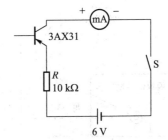

图 4-2-2 I_{CEO} 的测试电路

五、实验注意事项

1. 测量晶体管时,注意万用表电阻挡量程的选择。

2. 使用晶体管时应注意管子的极限参数 P_{CM},$U_{(BR)CEO}$ 和 I_{CM},以防止晶体管损坏或性能变差。

六、思考题

1. 查手册,说明 3AX21、3DG6 符号的含义。

2. 晶体管是由两个 PN 结组成的,是否可以用两个二极管连接组成一个晶体管使用?

3. 晶体管的发射极和集电极是否可以调换使用? 为什么?

七、实验报告要求

1. 简述用万用表测试晶体管的材料、类型及管脚名称的步骤。

2. 列表整理所测管子的直流参数。

3. 结合本实验,将万用表电阻挡使用方法及其注意事项做一小结。

4.3　基本放大电路的分析

一、实验目的

1. 学会基本放大电路静态工作点的调试与分析方法。

2. 掌握放大电路的电压放大倍数、输入电阻和输出电阻的测量方法,了解负载电阻对电压放大倍数的影响。

3. 观察静态工作点变化对输出电压波形的影响。

4. 了解负反馈对放大电路性能的影响。

二、实验原理

在模拟电子电路实验中,经常使用的电子仪器有双踪示波器、函数信号发生器、直流稳压电源、交流毫伏表及频率计等,它们和万用表一起可以完成对模拟电子电路工作情况的测试。实验中要对各种电子仪器综合使用,各仪器间可以按照信号流向,以连线简捷、调节顺手、观察与读数方便等为原则进行合理布局,如图 4-3-1 所示。

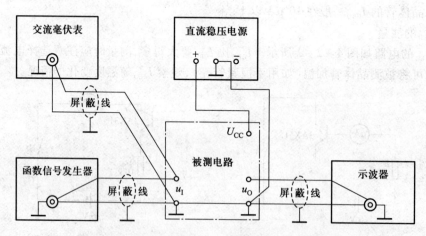

图 4-3-1　模拟电路实验中常用仪器仪表的相互关系

1. 静态工作点

静态工作点是指放大电路无交流信号输入,在晶体管的输入和输出回路中所涉及的直流工作电压和工作电流。若静态工作点选得太高,容易引起饱和失真;若静态工作点选得太低,容易引起截止失真。

静态工作点的稳定电路如图 4-3-2 所示,静态工作点 Q 主要由 R_{B1}、R_{B2}、R_E、R_C 及电源电压 U_{CC} 决定。该电路利用 R_{B1}、R_{B2} 的分压为基极提供一个固定电压,当 $I_1 \approx I_2 \gg I_B$(5 倍以上)时,则认为基极电位不变。其次在发射极串接电阻 R_E,当温度升高使 I_C 增加时,由于基极电位 V_B 固定,所以净输入电压 $U_{BE} = V_B - V_E$ 减小,最终导致集电极电流 I_C 减小,抑制了 I_C 的变化,稳定了静态工作点。

2. 电压放大倍数 A_u

电压放大倍数是小信号电压放大电路的主要技术指标。设输入 u_i 为正弦信号,输出 u_o 也为正弦信号,则电压放大倍数为 $A_u = \dfrac{U_o}{U_i}$

测量时应注意合理选择输入信号的幅度和频率。输入信号过小,则不便于观察,且容易串入干扰,输入信号过大,会造成失真。输入信号的频率应在电路工作频带中频区域内。另外,还应注意,由于信号源都有一定的内阻,所以测量 U_i 时,必须在被测电路与信号源连接后进行测量。

3. 输入电阻 r_i

放大电路对信号源而言,相当于一个负载,其输入端的等效电阻就是信号源的负载电阻,也就是放大电路的输入电阻 r_i。测量电路如图 4-3-3 所示,则输入电阻 r_i 为

$$r_i = \frac{U_i}{I_i} = \frac{U_i}{U_S - U_i} R_S$$

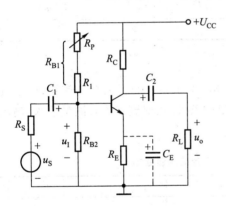

图 4-3-2 静态工作点的稳定电路

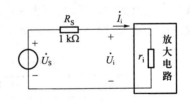

图 4-3-3 测量输入电阻

其中,R_S 为外接测量电阻。外接测量电阻 R_S 的数值应适当选择,不宜太大或太小。R_S 太大,将使 U_i 的数值很小,从而加大输入电阻 r_i 的测量误差;R_S 太小,则 U_S 与 U_i 的读数又十分接近,导致 $(U_S - U_i)$ 的误差增大,故也使 r_i 的测量误差增大。一般选取 R_S 与 r_i 为同数量级的电阻。

4. 输出电阻 r_o

放大电路对负载而言,相当于一个等效信号源,其等效内阻就是放大电路的输出电阻 r_o。即从放大电路输出端看进去的戴维宁等效电路的等效电阻。

计算输出电阻的方法是:假设放大电路负载开路(空载)时输出电压为 U_o',接上负载 R_L 后输出端电压为 U_o,可知 $U_o = \dfrac{R_L}{r_o + R_L} U_o'$,所以 $r_o = \left(\dfrac{U_o'}{U_o} - 1 \right) R_L$。

测量时应注意:

① 两次测量时输入电压 U_i 的数值应相等。

② U_i 的大小应适当,以保证 R_L 接入和断开时,输出电压为不失真的正弦波。

③ 输入信号的频率应在电路工作频带中频区域内。

④ 一般选取 R_L 与 r_o 为同数量级的电阻。

三、实验仪器

GOS620 双踪示波器

NY4520 交流毫伏表

模拟电路实验箱

实验电路板

四、实验内容

1. 连接线路并调整静态工作点

将实验箱直流电源的 +12 V 和实验板的 +12 V 相连,实验箱的电源地与实验板的地相连。用数字万用表直流电压挡(20 V)测量晶体管集电极和地之间的电压,调整 R_P,使集电极电位 $V_C = 7$ V,测量静态工作点参数,并将静态工作点的测量结果填入表 4 – 3 – 1 中(已知 $R_C = 5.1$ kΩ)。

表 4 – 3 – 1　静态工作点的测量数据

测量值		计算值
U_{BE}/V	U_{CE}/V	I_C/mA

2. 测量输出电压并计算电压放大倍数

在放大电路的输入端输入有效值为 10 mV,频率为 1 kHz 的正弦交流信号,用示波器观察,在输出波形不失真的情况下,按照表 4 – 3 – 2 给定的条件,用交流毫伏表测量输入、输出电压,通过计算求出电压放大倍数,并填入表 4 – 3 – 2 中。

表 4 – 3 – 2　电压放大倍数的测量数据

测试条件	U_i	U_o	A_u
不加电流负反馈,放大器空载			
不加电流负反馈,$R_L = 5.1$ kΩ			
加电流负反馈,放大器空载			
加电流负反馈,$R_L = 5.1$ kΩ			

3. 测量输入输出电阻

在图 4 – 3 – 3 所示电路中接入 $R_S = 1$ kΩ 的电阻。输入 $U_S = 10$ mV,$f = 1$ kHz 的正弦交流信号,用交流毫伏表测出 U_i 的值,并计算输入电阻 r_i,将结果填入表 4 – 3 – 3 中。

在放大电路输入端加入大约为 10 mV,频率为 1 kHz 的正弦交流信号 U_i,在输出波形不失真的情况下,测出放大电路的输出电压 U'_o,接入负载电阻 $R_L = 5.1$ kΩ,测出放大电路带负载时的输出电压 U_o,并计算输出电阻 r_o,将结果填入表 4 – 3 – 3 中。

表 4 – 3 – 3　输入、输出电阻的测量数据

测量值			计算值
R_S	U_S	U_i	r_i
R_L	U'_o	U_o	r_o

4. 观察静态工作点 Q 变化对放大电路输出波形的影响

在无负反馈的情况下,按照表 4 – 3 – 4 给定的条件,用示波器观察饱和失真和截止失真等输出波形,并将输出波形填入表 4 – 3 – 4 中。

表 4 – 3 – 4　Q 变化对放大电路输出波形的影响

测试条件	输出波形(无负反馈)
Q 点合适,输出无失真	
Q 点偏高,输出产生饱和失真	
Q 点偏低,输出产生截止失真	
Q 点合适,输入信号幅值太大	

5. 研究负反馈对放大器失真的改善

在无负反馈的情况下,调节 R_P,使输出波形失真,然后将负反馈接入,用示波器观察波形的改善情况,并将波形填入表 4 – 3 – 5 中。

表 4 – 3 – 5　负反馈对放大电路输出波形的影响

无负反馈时的失真波形	加负反馈后的改善效果

五、实验注意事项

1. 注意实验板、交流毫伏表与信号源共地。
2. 用数字万用表测量电压时要注意直流电压和交流电压挡位的选择以及量程的转换。
3. 与本实验无关的电路和接线端不要随意接线,多余导线应远离实验电路。

六、思考题

1. 调整静态工作点时,R_{B1} 要用一个固定电阻与电位器相串联,而不直接用电位器,为什么?
2. 在放大电路测试中,输入信号的频率一般选择 1 kHz,为什么不选 100 kHz 或更高的频率?

七、实验报告要求

1. 分析、比较静态工作点测试数据与理论估算值。
2. 讨论静态工作点对放大电路输出波形的影响。
3. 根据测试数据,讨论负载电阻 R_L、旁路电容 C_E 对放大倍数的影响。

4.4　集成功率放大器测试

一、实验目的

1. 了解集成功率放大器的特性及其应用。

2. 学习集成功率放大器主要技术指标的测试方法。

二、实验原理

多级放大电路的末级或末前级往往是功率放大器,其性能是输出较大的功率去驱动负载。功率放大器与电压放大器完成的任务不同,电压放大器主要是不失真地放大电压信号,而功率放大器是为负载提供足够的功率。

1. 功率放大器的特点

(1) 输出功率要尽可能大

为了获得尽可能大的输出功率,要求功率放大器中的功放管的电压和电流应该有足够大的幅度,因而要求充分利用功放管的三个极限参数,即功放管的集电极电流接近 I_{CM},管压降最大时接近 $U_{(BR)CEO}$,耗散功率接近 P_{CM}。在保证管子安全工作的前提下,尽量增大输出功率。

(2) 尽可能高的功率转换效率

功放管在信号作用下向负载提供的输出功率是由直流电源供给的直流功率转换而来的,在转换的同时,功放管和电路中的耗能元件都要消耗功率。所以,要求尽量减小电路的损耗,来提高功率转换效率。若电路输出功率为 P_O,直流电源提供的总功率为 P_E,其转换效率为

$$\eta = \frac{P_O}{P_E}$$

(3) 允许的非线性失真

工作在大信号极限状态下的功放管,不可避免地会存在非线性失真。不同的功放电路对非线性失真的要求是不一样的。因此,只要将非线性失真限制在允许的范围内就可以了。

2. 集成功率放大器

目前有很多种 OCL、OTL 集成功率放大器,这些放大器除具有一般集成电路的特点外,还具有温度稳定性能好、电源利用率高、功耗低、非线性失真小等优点。有时还将各种保护电路,如过流保护、过压保护、过热保护等电路集成在芯片内部,使集成功率放大器的使用更加安全可靠。

小功率通用型集成功率放大器 LM386 的引脚如图 4-4-1 所示,其中:引脚 2 是反相输入端;引脚 3 为同相输入端;引脚 5 为输出端;引脚 6 和 4 是电源和地线;引脚 1 和 8 是电压增益设定端,使用时在引脚 7 和地线之间接旁路电容,通常取 10 μF。

LM386 是一种音频集成功率放大器,具有功耗低、增益可调整、电源电压范围大、外接元件少等优点。其电路类型为 OTL。主要参数有:电源

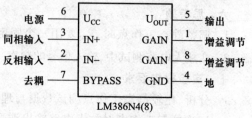

图 4-4-1　LM386 符号图

电压范围:5 ~ 18 V;静态电源电流:4 mA;输入阻抗:50 kΩ;输出功率:1 W($U_{CC} = 16$ V,$R_L = 32$ Ω);
电压增益:26 ~ 46 dB;带宽:300 kHz;总谐波失真:0.2%。

三、实验仪器

GOS620 双踪示波器

NY4520 交流毫伏表

UT53 万用表

模拟电路实验箱

实验电路板

四、实验内容

1. 测试静态工作电压

① 按照图 4 – 4 – 2 所示的实验电路搭建电路,接入 $U_{CC} = 12$ V 的直流电压。

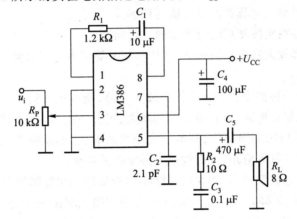

图 4 – 4 – 2 LM 386 实验电路

② 将输入端接地,用示波器观察放大器的输出端,看有无自激现象。若有,则可以通过改变电阻 R_2 或电容 C_3 的参数来消除自激。

③ 用万用表直流电压挡测量集成功率放大器 LM 386 各引脚对地的静态直流电压值,用万用表直流电流挡测出电源供给的电流 I_C 值。

2. 测试电压放大倍数、最大输出功率,计算效率

① 在输入端输入频率为 1 kHz 的正弦交流信号,用示波器观察输出波形,逐渐加大输入电压 u_i,使输出波形达到最大且不失真为止。测量此时的输入电压 U_i、输出电压 U_o 和电源供给的电流 I_C,自拟表格记录数据。

② 将 1、8 脚之间的电阻去掉,重复步骤①。

实测功率

$$P_O = \left(\frac{U_{om}}{\sqrt{2}} \right)^2 \frac{1}{R_L} = \frac{1}{2} \cdot \frac{U_{om}^2}{R_L}$$

五、实验注意事项

1. 实验前要清楚功放组件各引脚的位置,切不可正、负电源极性接反或输出端短路,否则会损坏集成块。

2. 用数字万用表测量电压时要注意直流电压和交流电压挡位的选择以及量程的转换。

六、思考题

1. 改变直流电源电压对输出功率和效率有何影响？
2. 功率放大器与电压放大器有什么不同？

七、实验报告要求

1. 总结集成功率放大器的特点及测量方法。
2. 将实验测试数据与理论计算值相比较，并分析产生误差的原因。

4.5　集成运算放大器的线性应用

一、实验目的

1. 通过实验加深对集成运算放大器性能的理解。
2. 了解运算放大器在实际使用时应考虑的一些问题。
3. 掌握由集成运算放大器组成的比例、减法和积分等基本运算电路。

二、实验原理

集成运算放大器是一种高增益的直接耦合放大电路，简称集成运放。它具有很高的开环放大倍数、高输入电阻、低输出电阻，并具有较宽的频带，因此，在模拟电子技术领域中得到广泛的应用。集成运放的线性应用范围很广，基本的应用模块有：比例运算电路、加减法电路、微分电路、积分电路等，利用这些基本应用，可以构成各种复杂的系统。

本实验采用的集成运放型号为 LM741，LM741 的外形结构和管脚如图 4 - 5 - 1 所示，它是 8 脚双列直插式组件，其中：2 脚为反相输入端；3 脚为同相输入端；6 脚为输出端；4 脚接负电源端；7 脚接正电源端；管脚 1 和 5 为外接调零补偿电位器端；8 脚为空脚。

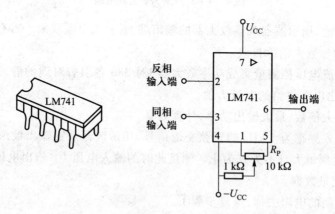

图 4 - 5 - 1　LM741 外形与管脚排列图

1. 比例运算电路

① 反相比例运算电路如图 4 - 5 - 2 所示，闭环电压放大倍数为 $A_{uf} = \dfrac{u_o}{u_I} = -\dfrac{R_f}{R_1}$。若取 $R_f = R_1$，则 $u_o = -u_I$，构成反相器。为了使集成运放两输入端的外接电阻对称，同相输入端所接电阻

R_2 等于反相输入端对地的等效电阻,即 $R_2 = R_1 /\!/ R_f$。

② 同相比例运算电路如图 4 - 5 - 3 所示,闭环电压放大倍数为 $A_{uf} = \dfrac{u_O}{u_I} = \left(1 + \dfrac{R_f}{R_1}\right)$。若 $R_1 = \infty$ 或 $R_f = 0$,则 $u_O = u_I$,构成电压跟随器。

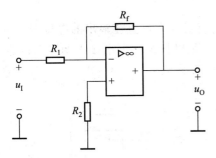

图 4 - 5 - 2　反相比例运算电路

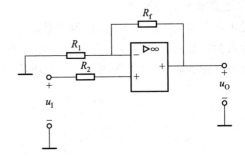

图 4 - 5 - 3　同相比例运算电路

2. 减法运算电路

减法运算电路如图 4 - 5 - 4 所示。输出电压为

$$u_O = \left(1 + \frac{R_f}{R_1}\right)\left(\frac{R_3}{R_2 + R_3}\right)u_{I2} - \frac{R_f}{R_1}u_{I1}$$

当 $\dfrac{R_1}{R_f} = \dfrac{R_2}{R_3}$ 时,

$$u_O = \frac{R_f}{R_1}(u_{I2} - u_{I1})$$

当 $R_1 = R_2 = R_3 = R_f$ 时,$u_O = u_{I2} - u_{I1}$。

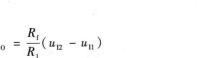

图 4 - 5 - 4　减法运算电路

3. 积分运算电路

反相积分运算电路如图 4 - 5 - 5(a)所示。当电容两端初始电压为零时,可以得出

$$u_O = -\frac{1}{C_f R_1}\int u_I \mathrm{d}t$$

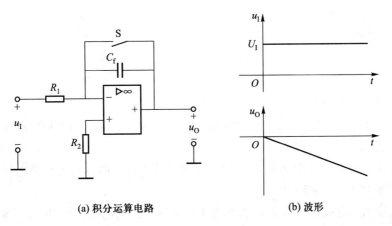

(a) 积分运算电路　　　　　(b) 波形

图 4 - 5 - 5　积分运算电路及阶跃响应的波形

若输入 u_I 为幅度等于 U_I 的阶跃电压时,则有 $u_0 = -\dfrac{U_\text{I}}{R_1 C_\text{f}} t$。此时输出电压 u_0 的波形是随时间线性下降的,阶跃响应的波形如图 4 - 5 - 5(b)所示。

若输入 u_I 为方波序列脉冲,则输出 u_0 为三角波。

4. 运算放大器的调零

对于运算放大器组成的电路,为了提高运算精度,应对放大器直流输出的电位进行调零,即保证输入为零时输出也为零。当运放有外接调零端时,可以按组件要求接入调零电位器 R_P,如果运放没有调零端子,可以按图 4 - 5 - 6 所示电路进行调零。

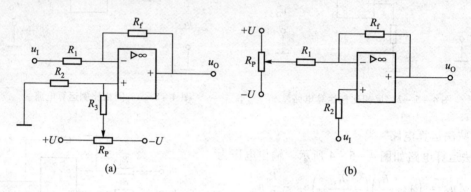

(a)　　　　　　　　　　(b)

图 4 - 5 - 6　调零电路

一个运放如果不能调零,大致有以下原因:

① 组件正常,接线有错误。

② 组件正常,但负反馈不够强(R_f/R_1 太大),为此可将 R_f 短路,观察能否调零。

③ 组件正常,但由于它所允许的共模输入电压太低,因此可将电源断开,再重新接通。

④ 组件正常,但电路有自激现象,应进行消振。

⑤ 组件内部损坏,应更换好的集成块。

三、实验仪器

GOS620 双踪示波器

NY4520 交流毫伏表

模拟电路实验箱

实验电路板

四、实验内容

1. 反相比例运算电路

① 按实验原理图 4 - 5 - 2 所示电路接线,取 $R_1 = 10 \text{ k}\Omega$,$R_\text{f} = 100 \text{ k}\Omega$,$R_2 = R_1 /\!/ R_\text{f}$。加入 ± 12 V 电源后,消振,调零。

② 在输入端加入 u_I 分别为 0.2 V 和 - 0.4 V 的直流电压,用万用表直流电压挡测量输出电压,并将测量数据填入表 4 - 5 - 1 中。

③ 在输入端加入有效值为 0.3 V、频率为 1 kHz 的交流电压 u_I,用万用表交流电压挡测量输出电压,画出输入、输出的波形,并将测量数据填入表 4 - 5 - 1 中。

表 4 – 5 – 1 反相比例运算电路测试表

输入		直流电压		交流电压	输入、输出波形
		0.2 V	– 0.4 V	0.3 V,1 kHz	
输出	理论值				
	实测值				

2. 同相比例运算电路

① 按实验原理图 4 – 5 – 3 所示电路接线,取 $R_1 = 10$ kΩ,$R_f = 100$ kΩ,$R_2 = R_1 // R_f$。加入 ±12 V 电源后,消振,调零。按照反相比例运算电路的实验步骤,分别测量三组输出电压,并将测量数据填入表 4 – 5 – 2 中。

表 4 – 5 – 2 同相比例运算电路测试表

输入		直流电压		交流电压	输入、输出波形
		0.2 V	– 0.4 V	0.3 V,1 kHz	
输出	理论值				
	实测值				

② 设计一个同相比例运算电路,要求 $A_{uf} = 6$,标出 R_1、R_2、R_f 的数值。

3. 减法运算电路

① 按实验原理图 4 – 5 – 4 所示电路接线,取 $R_1 = R_2 = R_3 = R_f = 10$ kΩ,加入 ±12 V 电源后,消振,调零。

② 按照表 4 – 5 – 3 所给的数值施加 u_{I1}、u_{I2},分别测量三组输出电压,并将测量数据填入表 4 – 5 – 3 中。

表 4 – 5 – 3 减法运算电路测试表

输入电压/V	u_{I1}	0.3	– 0.8	0.3
	u_{I2}	0.5	– 0.4	– 0.4
输出电压 u_0/V	理论值			
	实测值			

4. 反相积分电路

① 按实验原理图 4 – 5 – 5(a)所示电路接线,取 $R_1 = 100$ kΩ,$C_f = 10$ μF,$R_2 = 100$ kΩ,加入 ±12 V 电源后,闭合 S,此时积分器复零。

② 打开 S,在输入端加入 $U_I = 1$ V 的阶跃电压,用万用表直流电压挡监测输出电压 u_0 的变化,并记录实验结果。

③ 打开 S,在输入端加入频率为 1 kHz 的方波信号,用示波器 AC 挡观察输出电压 u_0 和输入电压 u_I 的波形,画出输入、输出的波形,并记录于自拟表格中。

五、实验注意事项

1. 实验前要清楚运放组件各引脚的位置,切不可正、负电源极性接反或输出端短路,否则会损坏集成块。

2. 实验过程中不要拆卸集成芯片,以免重装时方向插错或引脚折断。每次换接电路前都必须关掉电源。

3. 使用仪表进行测量时,要先确认量程或开关位置,然后再测量。

六、思考题

1. 在反相比例运算电路中,若反馈电阻 R_f 支路开路,会产生什么实验现象?

2. 为了不损坏集成电路,实验中应注意什么问题?

七、实验报告要求

1. 将实验数据与理论值进行比较,分析产生误差的原因。

2. 记录实验过程中出现的故障现象,分析原因,说明应如何解决?

3. 在坐标纸上画出积分电路输入和输出电压波形,并进行分析。

4.6　比例加减运算电路的设计

一、实验目的

1. 掌握比例加减运算电路的设计方法。

2. 通过设计,进一步熟悉集成运算电路的特点与应用。

二、实验内容

① 要求设计一个运算电路,实现 $U_0 = 10U_{I1} + 2U_{I2} - 5U_{I3}$ 运算关系。

② 根据设计题目要求,选定电路,确定集成运算放大器型号,并进行参数设计。

③ 按照设计方案组装电路。

④ 已知:$U_{I1} = (50 \sim 100) \, \text{mV}$,$U_{I2} = (50 \sim 200) \, \text{mV}$,$U_{I3} = (20 \sim 100) \, \text{mV}$,试在设计题目所给输入信号范围内,任选几组信号输入,测量相应的输出电压 U_0,将 U_0 的实测值与理论计算值进行比较,并计算误差。

三、实验仪器

自选实验仪器,并列出实验仪器清单。

四、实验报告要求

1. 写出整个设计全过程,画出原理图。

2. 写出调试步骤及实验过程中解决的问题,整理所测实验数据。

3. 介绍设计方案的优点,提出改进意见,总结本次设计的收获。

4. 元件清单。

5. 列出参考书目。

4.7　集成运算放大器的非线性应用

一、实验目的

1. 了解集成运算放大器的非线性应用,掌握电压比较器的功能。

2. 熟悉集成运算放大器在波形产生方面的应用。

3. 进一步掌握振荡频率和输出幅度的测量方法。

二、实验原理

1. 电压比较器

电压比较器的电路和传输特性如图4-7-1所示,输入信号u_1加在运放的同相输入端,参考电压U_{REF}加在运放的反相输入端。由于运放处于开环状态,因此运放工作于非线性区,分析依据为:① $i_+ = i_- = 0$;② 当$u_1 > U_{REF}$时,$u_O = U_{OM}$,输出为正饱和值;③ 当$u_1 < U_{REF}$时,$u_O = -U_{OM}$,输出为负饱和值。

2. 正弦波发生器

正弦波发生器电路如图4-7-2所示。其中RC串、并联网络既可作为选频网络又兼作为正反馈电路,调节R_P可以改变负反馈强弱,以便得到良好的正弦波。

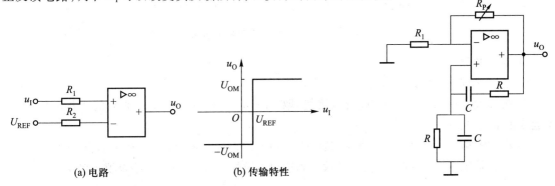

(a) 电路   (b) 传输特性

图4-7-1 电压比较器   图4-7-2 正弦波发生器

电路的振荡角频率$\omega = \omega_0 = \dfrac{1}{RC}$,电路的振荡频率$f_0 = \dfrac{1}{2\pi RC}$。当$\omega = \omega_0 = \dfrac{1}{RC}$时,$F_u = \dfrac{1}{3}$,

$\varphi(\omega) = 0°$,依据幅值平衡条件,有$A_{uf} = 1 + \dfrac{R_P}{R_1} \geqslant 3$。该电路依靠集成运放的非线性进行限幅,故波形会产生较大的失真,为此,实际电路中需要设自动稳幅电路。

3. 方波发生器

方波发生器是能够直接产生方波信号的非正弦波发生器,它是由迟滞比较器和RC积分电路组成,方波发生器电路及波形如图4-7-3所示。其中$u_{R2} = \dfrac{R_2}{R_1 + R_2} u_0$,比较器的输出电压由电容电压$u_C$和$u_{R2}$决定。当$u_C > u_{R2}$时,$u_O = -U_{OM}$;当$u_C < u_{R2}$时,$u_O = +U_{OM}$。

方波发生器的周期为$T = 2RC\ln\left(1 + \dfrac{2R_2}{R_1}\right)$,方波发生器的频率为$f = \dfrac{1}{T}$。

由此可见,改变电阻R或电容C以及改变比值R_2/R_1的大小,均能改变振荡频率f。

三、实验仪器

GOS620 双踪示波器

NY4520 交流毫伏表

模拟电路实验箱

实验电路板

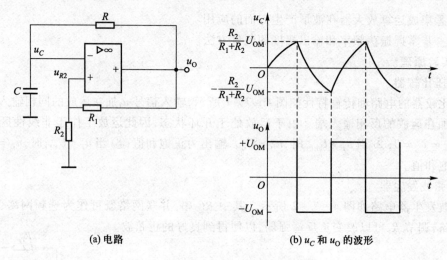

(a) 电路　　　　　　　　　　　(b) u_C 和 u_O 的波形

图 4 - 7 - 3　方波发生器电路及波形

四、实验内容

1. 电压比较器的测试

① 按实验原理图 4 - 7 - 1(a) 所示接线,取 $R_1 = R_2 = 10$ kΩ,加入 ± 12 V 的工作电压,使集成运放正常工作。

② 在输入端加入有效值为 1. 4 V、频率为 1 kHz 的正弦交流电压 u_1,在 U_{REF} 分别为 0 V、1 V 和 - 1 V 三种情况下,用双踪示波器测量输入和输出电压的波形,将测量的结果填入表 4 - 7 - 1 中。

表 4 - 7 - 1　电压比较器测试表

$U_1 = 1. 4$ V , $f = 1$ kHz	$U_{REF} = 0$ V	$U_{REF} = 1$ V	$U_{REF} = - 1$ V
输入波形			
输出波形			

2. 正弦波发生器测试

① 按实验原理图 4 - 7 - 2 所示接线,$R_1 = 2$ kΩ,$R_P = 22$ kΩ,$R = 15$ kΩ,$C = 0.1$ μF,加入 ± 12 V 的工作电压,使集成运放正常工作。

② 改变 R_P 的电阻值,使输出电压 u_0 为幅值最大且无明显失真的正弦波。用万用表交流电压挡测量输出电压的有效值,用频率计测量输出电压的频率,用双踪示波器测量输出电压 u_0 的波形,将测量的结果填入表 4 - 7 - 2 中。

表 4 - 7 - 2　正弦波发生器测试表

测试条件		测试值		输出电压 u_0 波形
R	C	U_0	f	
15 kΩ	0. 1 μF			

3. 方波发生器测试

① 按实验原理图 4 - 7 - 3(a) 所示接线,$R_1 = 10$ kΩ,$R_2 = 10$ kΩ,$R = 10$ kΩ,$C = 0.1$ μF,加入

±12 V 的工作电压,使集成运放正常工作。

② 用频率计测量输出电压的频率,用双踪示波器测量电容电压 u_C 和输出电压 u_0 的波形,并从输出电压 u_0 的波形中求出峰 – 峰值 U_{OPP},将测量的结果填入表 4 – 7 – 3 中。

表 4 – 7 – 3　方波发生器测试表

测试条件		测试值		u_C 波形	u_0 波形
R	C	U_{OPP}	f		
10 kΩ	0.1 μF				

五、实验注意事项

1. 实验前要清楚运放组件各引脚的位置,切不可将正、负电源极性接反或输出端短路,否则会损坏集成块。

2. 实验过程中不要拆卸集成芯片,以免重装时方向插错或引脚折断。每次换接电路前都必须关掉电源。

3. 使用仪表进行测量时,要先确认量程或开关位置,然后再测量。

六、思考题

1. 若想改变图 4 – 7 – 2 所示正弦波发生器的振荡频率,需调整电路中哪些元件?

2. 如何将方波发生器改变为三角波、矩形波、锯齿波发生器? 画出设计的电路。

七、实验报告要求

1. 列表整理实验数据,并与理论值相比较。

2. 在坐标纸上画出各实验波形。

4.8　整流、滤波、稳压电路的测试

一、实验目的

1. 掌握单相桥式整流电路的工作原理和作用。

2. 掌握电容滤波电路的工作原理和作用。

3. 熟悉稳压管稳压电源的组成及各部分的作用。

二、实验原理

直流稳压电源的四个基本组成部分是:电源变压器、整流电路、滤波电路和稳压电路。电源变压器是将 220 V 交流电压变为所需要的电压值 u_2,通过整流电路变成脉动的直流电压,然后通过滤波电路加以滤除,得到平滑的直流电压,经过稳压电路后,输出电压 U_0 就成为稳定的直流电压。

1. 整流电路

单相桥式整流电路是目前广泛使用的整流电路,电路的简化画法如图 4 – 8 – 1(a)所示,图中 T 为电源变压器,设变压器二次侧电压 $u_2 = \sqrt{2}U_2\sin \omega t$,$R_L$ 是要求直流供电的负载电阻。单相桥式整流电压的平均值为 $U_0 = 0.9U_2$,波形如图 4 – 8 – 1(b)所示。

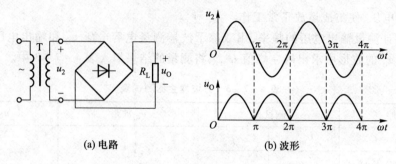

(a) 电路　　　　　　　　　　　(b) 波形

图 4 - 8 - 1　单相桥式整流电路波形图

2. 滤波电路

电容滤波电路是最简单的滤波器,它是在整流电路的输出端与负载并联一个电容 C 而组成。电容滤波是通过电容器的充电、放电来滤掉交流分量的。桥式整流电容滤波电路如图 4 - 8 - 2(a)所示,输出电压波形如图 4 - 8 - 2(b)所示。由分析可知:C 值一定,当 $R_L = \infty$(即空载)时,$U_O = \sqrt{2}U_2 \approx 1.4U_2$;当 $R_L C \geqslant (3 \sim 5)\dfrac{T}{2}$ 时,$U_O = 1.2U_2$,式中 T 为电源交流电压的周期。

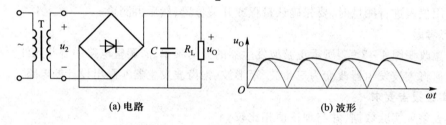

(a) 电路　　　　　　　　　　　(b) 波形

图 4 - 8 - 2　桥式整流和电容滤波电路及波形

3. 稳压管稳压电路

稳压管稳压电路是最简单的一种稳压电路,这种电路主要用于对稳压要求不高的场合。桥式整流和电容滤波及稳压管稳压电路如图 4 - 8 - 3 所示。负载两端电压 U_O 就是稳压管的端电压 U_Z。当 U_C 发生波动时,必然使限流电阻 R 上的压降和 U_Z 发生变动,引起稳压管电流的变化,只要在 $I_{Zmax} \sim I_Z$ 范围内变动,可以认为 U_Z 即 U_O 基本上未变动。选择稳压管时,一般取:$U_Z = U_O$,$I_{Zmax} = (1.5 \sim 3)I_{Omax}$,$U_C = (2 \sim 3)U_O$。

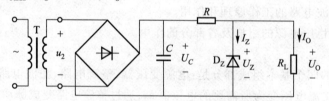

图 4 - 8 - 3　桥式整流和电容滤波及稳压管稳压电路

三、实验仪器

GOS620 双踪示波器

NY4520 交流毫伏表

模拟电路实验箱

实验电路板

四、实验内容

1. 测量桥式整流电路的输出电压和输出波形

① 用万用表交流电压挡测量实验箱上的交流电源输出 14 V,接入实验板的交流输入端,用示波器观察输入波形。

② 按实验原理图 4 – 8 – 1(a)所示电路接线,接负载电阻 $R_L = 240$ Ω。用实验箱上的直流数字电压表测量无滤波电容时的输出电压 U_0,并用示波器观察输出电压的波形,将所测量的数值及观察的输入、输出波形填入表 4 – 8 – 1 中。

表 4 – 8 – 1 桥式整流电路的测试数据

测试条件	输入电压 U_2/V	输出电压 U_0/V	u_2 波形	u_0 波形
$R_L = 240$ Ω				

2. 测量桥式整流和电容滤波电路的输出电压和输出波形

按实验原理图 4 – 8 – 2(a)所示电路接线,接负载电阻 $R_L = 240$ Ω。逐渐改变滤波电容 C 的大小,测量输出电压 U_0,观测输入和输出电压的波形。将所测量的数值及观察的输入、输出波形填入表 4 – 8 – 2 中。

表 4 – 8 – 2 桥式整流和电容滤波电路的测试数据

$R_L = 240$ Ω	$C_1 = 22$ μF	$C_2 = 100$ μF	$C_3 = 220$ μF
输入电压 U_2/V			
输出电压 U_0/V			
u_2 波形			
u_0 波形			

3. 改变负载电阻和电网电压,观察输出电压的变化

① 按实验原理图 4 – 8 – 2(a)所示电路接线,$U_2 = 14$ V,$C = 220$ μF,改变负载电阻 R_L,测量输出电压 U_0,并观察输入和输出电压的波形,将所测量的数值及观察的输入、输出波形填入表 4 – 8 – 3 中。

② 按实验原理图 4 – 8 – 2(a)所示电路接线,$C = 220$ μF,$R_L = 240$ Ω,改变电网电压 U_2,测量输出电压 U_0,并观察输入和输出电压的波形,将所测量的数值及观察的输入、输出波形填入表 4 – 8 – 3 中。

表 4 – 8 – 3 改变负载电阻和电网电压的测试数据

负载变化			电网电压变化		
$U_2 = 14$ V,$C = 220$ μF			$R_L = 240$ Ω,$C = 220$ μF		
R_L	120 Ω	240 Ω	U_2	10 V	14 V
U_0/V			U_0/V		
u_2 波形			u_2 波形		
u_0 波形			u_0 波形		

4. 测量桥式整流和电容滤波及稳压管稳压电路的输出电压和波形

按实验原理图 4-8-3 所示电路接线，$U_2 = 14$ V，$C = 220$ μF，$R_L = 240$ Ω，接入限流电阻及稳压二极管，测量输出电压 U_o 并观测输入和输出的波形，并记录于自拟表格中。

五、实验注意事项

1. 测量输入电压有效值时要用万用表的交流电压挡，并选择合适的量程。

2. 测量输出电压平均值时要用万用表的直流电压挡，并选择合适的量程。

3. 用示波器观察波形时，应先调整好 Y 输入基准点，并选择 DC 方式输入。

六、思考题

1. 如果整流电路中发生某个二极管接反、击穿、开路等故障，电路将出现什么现象？

2. 在稳压二极管电路中，U_C 与 U_o 之间必须满足什么条件才能实现稳压作用？

七、实验报告要求

1. 将实验数据与理论值进行比较，分析产生误差的原因。

2. 对实验过程中出现的故障现象，分析其原因，说明应如何解决。

4.9 可调集成直流稳压电源的设计

一、实验目的

1. 熟悉集成三端稳压器的型号、参数及其应用。

2. 熟悉集成三端可调稳压器的使用方法及外部元器件参数的选择。

3. 掌握可调直流稳压电源的设计方法。

二、实验内容

1. 电路设计技术指标

① 输入交流电压：220 V ± 10%，50 Hz。

② 输出直流电压：1.5 ~ 15 V，连续可调。

③ 输出电流：0 ~ 5 A。

④ 电压调整率：$S_U < 0.05\% / $V。

⑤ 内阻：< 0.1 Ω。

⑥ 纹波电压峰值：< 5 mV。

2. 电路设计要求

① 选择电路形式，画出原理电路图。

② 选择电路元器件的型号及参数，并列出元件清单。

③ 画出安装布线图。

④ 拟定调试内容及步骤，画出测试电路及记录表格。

3. 电路安装、调整与测试

① 按安装布线图进行安装。安装完毕后应认真检查电路中各元器件有无接错、漏接和接触不良的地方。应特别注意：二极管的管脚和滤波电容器的极性不能接反，三端稳压器引脚不能接错，输出端不能有短路现象。

② 通电前应再认真检查一遍安装电路,确认无误后,才可以接通交流电源,进行调整与测试。

三、实验仪器

自选实验仪器,并列出实验仪器清单。

四、实验报告要求

① 写出整个设计全过程,画出原理图。

② 写出调试步骤及实验过程中解决的问题,整理所测实验数据。

③ 介绍设计方案的优点,提出改进意见,总结本次设计的收获。

④ 元件清单。

⑤ 列出参考书目。

4.10　晶闸管的简易测试

一、实验目的

1. 观察晶闸管的结构、掌握测试晶闸管的正确方法。

2. 研究晶闸管的导通条件与关断条件。

二、实验原理

1. 结构

晶闸管内部结构是由 PNPN 四层半导体交替叠合而成,中间形成三个 PN 结。阳极 A 从上端 P 区引出,阴极 K 从下端 N 区引出,又在中间 P 区上引出控制极(或称门极)G。

2. 导通和关断条件

① 晶闸管导通的条件是在阳极和阴极之间加正向电压,同时控制极和阴极之间加适当的正向电压。

② 导通以后的晶闸管,关断的方法是在阳极上加反向电压或将阳极电流减小到足够小的程度(维持电流 I_H 以下)。

3. 型号命名方法

型号为 KP□_□□,其中 K 为晶闸管;P 为普通型;第一个□为额定正向平均电流;第二个□为额定电压,用其百位数或百位数及千位数表示,它为 U_{FRM} 和 U_{RRM} 中较小的一个;第三个□为导通时平均电压组别(小于 100 A 不标),共九级,用 I~I 字母表示 0.4~1.2 V。

4. 主要参数

① 正向平均电流 I_F:在规定的散热条件和环境温度及全导通的条件下,晶闸管可以连续通过的工频正弦半波电流在一个周期内的平均值。工作中,阳极电流不能超过此值,以免 PN 结的结温过高,使晶闸管烧坏。

② 维持电流 I_H:在规定的环境温度和控制极断开情况下,维持晶闸管导通状态的最小电流。当晶闸管正向工作电流小于 I_H 时,晶闸管自动关断。

③ 正向重复峰值电压 U_{FRM}:在控制极断路和晶闸管正向阻断的条件下,可以重复加在晶闸管两端的正向峰值电压。按规定此电压为正向转折电压 U_{BO} 的 80%。

④ 反向重复峰值电压 U_{RRM}:在额定结温和控制极断开时,可以重复加在晶闸管两端的反向

峰值电压。按规定此电压为反向转折电压 U_{BR} 的 80%。

⑤ 控制极触发电压 U_G 和电流 I_G：在晶闸管的阳极和阴极之间加 6 V 直流正向电压后，使晶闸管完全导通所必需的最小控制极电压和控制极电流。

三、实验仪器

UT53 万用表

模拟电路实验箱

实验电路板

晶闸管若干只

四、实验内容

1. 鉴别晶闸管的好坏

用万用表 $R \times 1$ k 电阻挡测量三只晶闸管的阳极 – 阴极（A – K）之间的正、反向电阻，用 $R \times 10$ 或 $R \times 100$ 电阻挡测量三只晶闸管的控制极 – 阴极（G – K）之间的正、反向电阻，并将测量数据记录于表 4 – 10 – 1 中。

表 4 – 10 – 1　晶闸管测试数据

被测晶闸管	R_{AK}	R_{KA}	R_{GK}	R_{KG}	结论
T_1					
T_2					
T_3					

2. 晶闸管导通条件实验

按图 4 – 10 – 1 所示电路接线。

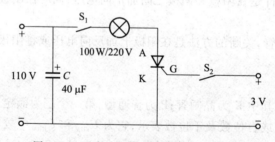

图 4 – 10 – 1　晶闸管导通条件实验电路图

① 当 110 V 直流电源电压的正极加到晶闸管的阳极时，控制极不加电压或接反向电压，观察灯泡是否亮。当控制极加正向电压时，观察灯泡是否亮。

② 当 110 V 直流电源电压的负极加到晶闸管的阳极时，给控制极接上反向电压或正向电压，观察灯泡是否亮。

③ 当灯泡亮时，切断控制极电源，观察灯泡是否继续亮。

④ 当灯泡亮时，给控制极加上反向电压，观察灯泡是否继续亮。

3. 晶闸管关断条件实验

按图 4 – 10 – 2 所示接通 110 V 直流电源。

① 合上开关 S_1，晶闸管导通，灯亮。

② 断开开关 S_1,再合上开关 S_2,灯灭。

③ 合上开关 S_1,断开开关 S_2,晶闸管导通,灯亮。调节可变电阻,使负载电源电压 U_a 减小,这时灯泡慢慢地暗淡下来。在灯泡完全熄灭之前,按下按钮 SB 让电流从毫安表通过,继续减小负载电源电压 U_a,使流过晶闸管的阳极电流逐渐减小到某值(一般为几十毫安),毫安表指针突然下降到零,然后再调节可变电阻使 U_a 升高,这时观察灯泡不再亮,这说明晶闸管已经完全关断,恢复阻断状态。毫安表从某值突然下降到零,该电流就是被测晶闸管的维持电流 I_H。

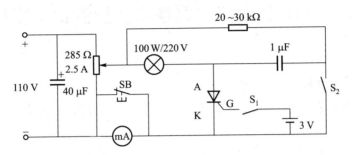

图 4 – 10 – 2 晶闸管关断条件实验电路图

五、实验注意事项

1. 用万用表不同电阻挡测量晶闸管控制极与阴极之间的正向电阻时,测出的 R_{GK} 阻值会相差很大。所以用万用表测试晶闸管各极间的阻值时应采用同一挡进行测量。不要用 $R \times 10$ k 挡测量,以免损坏控制极。

2. 在做关断实验时,一定要在灯泡快要熄灭、通过灯泡的电流极小时,才可以按下常闭按钮 SB,否则将损坏表头。此外,关断电容 C 值(1 μF)不能太小,否则,因其放电时间太短,小于晶闸管关断所需时间而使其无法关断。

六、思考题

1. 晶闸管导通的条件是什么?导通时,其中电流的大小由什么决定?晶闸管阻断时,承受电压的大小由什么决定?

2. 为什么晶闸管导通后,控制极就失去控制作用?在什么条件下晶闸管才能从导通转为关断?

3. 晶闸管控制极上几十毫安的小电流可以控制阳极上几十甚至几百安的大电流,它与晶体管中用较小的基极电流控制较大的集电极电流有什么不同?

七、实验报告要求

1. 根据实验记录判断被测晶闸管的好坏,写出简易测量方法。

2. 根据实验内容写出晶闸管的导通条件和关断条件。

第5章　数字电子技术实验

5.1　TTL集成门电路逻辑功能测试与变换

一、实验目的

1. 熟悉数字实验箱的基本功能和使用方法。

2. 掌握数字集成芯片的使用,学习检查集成芯片好坏的方法,掌握集成门电路逻辑功能测试方法。

3. 熟悉用标准与非门实现逻辑变换的方法。

二、实验原理

TTL集成逻辑门电路系列有很多不同功能、不同用途的逻辑门电路。通过实验的方法逐项验证其真值表,测试其逻辑功能。同时,根据逻辑功能是否正确,可以初步判断集成芯片的好坏。

1. 74LS00、74LS20 与非门

74LS00 是由四个 2 输入与非门组成的器件,74LS00 外引脚排列如图 5 - 1 - 1 所示。2 输入与非门的逻辑表达式为 $Y = \overline{AB}$,其引脚逻辑:$3 = \overline{1 \cdot 2}, 6 = \overline{4 \cdot 5}, 8 = \overline{9 \cdot 10}, 11 = \overline{12 \cdot 13}$。逻辑功能是:输入有低,输出为高;输入全高,输出为低。

74LS20 是由二个 4 输入与非门组成的器件,74LS20 外引脚排列如图 5 - 1 - 2 所示。4 输入与非门的逻辑表达式为 $Y = \overline{ABCD}$,其引脚逻辑:$6 = \overline{1 \cdot 2 \cdot 4 \cdot 5}, 8 = \overline{9 \cdot 10 \cdot 12 \cdot 13}$。

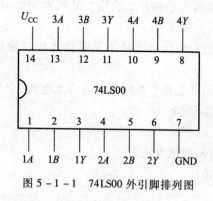

图 5 - 1 - 1　74LS00 外引脚排列图

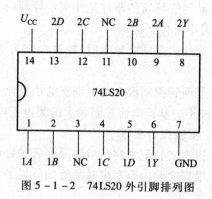

图 5 - 1 - 2　74LS20 外引脚排列图

2. 74LS86 异或门

74LS86 是由四个 2 输入异或门组成的器件,74LS86 外引脚排列如图 5 - 1 - 3 所示。异或运算逻辑表达式为:$F = A \oplus B = \overline{A}B + A\overline{B}$,其引脚逻辑:$3 = 1 \oplus 2, 6 = 4 \oplus 5, 8 = 9 \oplus 10, 11 = 12 \oplus 13$。逻辑功能是:当两个变量取值相同时,运算结果为 **0**;当两个变量取值不同时,运算结果为 **1**。

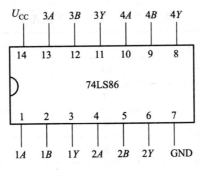

图 5 - 1 - 3　74LS86 外引脚排列图

3. 74LS54 与或非门

74LS54 是一个 4 路 2 - 3 - 3 - 2 输入与或非门器件,其引脚逻辑:$6 = \overline{1 \cdot 2 + 3 \cdot 4 \cdot 5 + 9 \cdot 10 \cdot 11 + 12 \cdot 13}$。

三、实验仪器

THD - 4 数字电路实验箱

数字集成芯片 74LS00、74LS20、74LS54、74LS86

四、实验内容

1. 测试数字集成芯片的逻辑功能

(1) 测试 74LS00 的逻辑功能

取 74LS00 的一组与非门,输入端接实验箱的电平输出,输出端接实验箱的状态显示,14 脚接 5 V 电源的 "+"端,7 脚接电源地。打开实验箱电源开关,接通 +5 V 的电源。改变电路的输入电平,观察输出变化,状态显示二极管亮,表示输出为 1,反之为 0,将测试结果填入表 5 - 1 - 1 中。

表 5 - 1 - 1　74LS00 真值表

输入		输出
1 脚	2 脚	3 脚
0	0	
0	1	
1	0	
1	1	

(2) 测试 74LS86 的逻辑功能

取 74LS86 的一组异或门,输入端接实验箱的电平输出,输出端接实验箱的状态显示,在 74LS86 的 14 脚和 7 脚之间接 +5 V 的电源。观察输入变化时的输出状态,将测试结果填入表 5 - 1 - 2中。

表 5 – 1 – 2 74LS86 真值表

输入		输出
1 脚	2 脚	3 脚
0	0	
0	1	
1	0	
1	1	

（3）测试 74LS54 的逻辑功能

在 74LS54 的 14 脚和 7 脚之间接 +5 V 的电源。输入端接实验箱的电平输出，输出端 6 脚接实验箱的状态显示，5 脚接高电平，9、10、11 脚中有一个接地，12、13 脚中有一个接地，改变输入状态，观察输出变化，将测试结果填入表 5 – 1 – 3 中。

表 5 – 1 – 3 74LS54 真值表

输入				输出
1 脚	2 脚	3 脚	4 脚	6 脚
0	0	0	0	
0	0	0	1	
0	0	1	0	
0	0	1	1	
0	1	0	0	
0	1	0	1	
0	1	1	0	
0	1	1	1	
1	0	0	0	
1	0	0	1	
1	0	1	0	
1	0	1	1	
1	1	0	0	
1	1	0	1	
1	1	1	0	
1	1	1	1	

2. 用 74LS00 器件组成下列电路,并测试其逻辑功能

① $F = \overline{A + B}$,将测试结果填入表 5 - 1 - 4 中。

表 5 - 1 - 4 $F = \overline{A + B}$ 真值表

输入		输出
A	B	F
0	0	
0	1	
1	0	
1	1	

② $F = A \odot B$,将测试结果填入表 5 - 1 - 5 中。

表 5 - 1 - 5 $F = A \odot B$ 真值表

输入		输出
A	B	F
0	0	
0	1	
1	0	
1	1	

③ $F = AB$,将测试结果填入表 5 - 1 - 6 中。

表 5 - 1 - 6 $F = AB$ 真值表

输入		输出
A	B	F
0	0	
0	1	
1	0	
1	1	

④ $F = AB + CD$,将测试结果填入表 5 - 1 - 7 中。

表 5 - 1 - 7 $F = AB + CD$ 真值表

输入				输出
A	B	C	D	F
0	0	0	0	
0	0	0	1	
0	0	1	0	

续表

输入				输出
A	B	C	D	F
0	0	1	1	
0	1	0	0	
0	1	0	1	
0	1	1	0	
0	1	1	1	
1	0	0	0	
1	0	0	1	
1	0	1	0	
1	0	1	1	
1	1	0	0	
1	1	0	1	
1	1	1	0	
1	1	1	1	

五、实验注意事项

1. 正确选择集成芯片，认清方向，不可疏忽。
2. 在连接、拆除导线时，要关闭电源，手要捏住导线接头，以防导线断开。

六、思考题

1. TTL **与非**门悬空相当于输入什么电平？为什么？
2. 如将**与非**门、**或非**门和**异或**门做**非**门使用时，它们的输入端应如何连接？
3. 如何用**与非**门构成**异或**门电路？

七、实验报告要求

1. 使用 TTL 集成电路时应注意哪些问题？
2. 整理各实验记录表格，验证其逻辑功能。

5.2 组合逻辑电路的分析

一、实验目的

1. 熟悉组合逻辑电路的组成及特点。
2. 掌握组合逻辑电路的分析方法。

二、实验原理

组合逻辑电路是最常见的逻辑电路,其特点是输出逻辑状态完全由当前输入状态决定,而与过去的输出状态无关。

分析组合逻辑电路的步骤为:已知逻辑电路图→写出逻辑表达式→运用代数法或卡诺图法化简→建立真值表→分析逻辑电路的功能。

三、实验仪器

THD – 4 数字电路实验箱

数字集成芯片 74LS00、74LS20、74LS54、74LS86

四、实验内容

1. 组合逻辑电路如图 5 – 2 – 1 所示,选择 74LS00 集成电路芯片,按照图 5 – 2 – 1 所示电路接线,输入端接实验箱的电平输出,输出端接实验箱的状态显示,在 74LS00 的 14 脚和 7 脚之间接 +5 V 的电源。改变电路的输入电平,观察输出变化,将测试结果填入表 5 – 2 – 1 中,分析逻辑电路的逻辑功能,验证理论分析的结果。

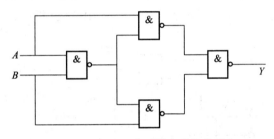

图 5 – 2 – 1 组合逻辑电路的分析

表 5 – 2 – 1 逻辑电路功能的测试结果

输入		输出
A	B	Y
0	0	
0	1	
1	0	
1	1	

2. 组合逻辑电路如图 5 – 2 – 2 所示,选择 74LS86 集成电路芯片,按照图 5 – 2 – 2 所示电路接线,输入端接实验箱的电平输出,输出端接实验箱的状态显示,在 74LS86 的 14 脚和 7 脚之间接 +5 V 的电源。改变电路的输入电平,观察输出变化,将测试结果填入表 5 – 2 – 2 中,试分析逻辑电路的逻辑功能,验证理论分析的结果。

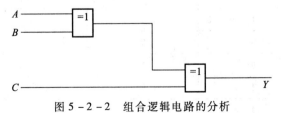

图 5 – 2 – 2 组合逻辑电路的分析

表 5 - 2 - 2　逻辑电路功能的测试结果

输入			输出
A	B	C	Y
0	0	0	
0	0	1	
0	1	0	
0	1	1	
1	0	0	
1	0	1	
1	1	0	
1	1	1	

　　3. 组合逻辑电路如图 5 - 2 - 3 所示,选择 74LS00、74LS86、74LS54 集成电路芯片,按照图 5 - 2 - 3所示电路接线,将测试结果填入表 5 - 2 - 3 中,试分析逻辑电路的逻辑功能,验证理论分析的结果。

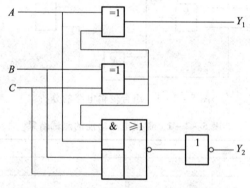

图 5 - 2 - 3　组合逻辑电路的分析

表 5 - 2 - 3　逻辑电路功能的测试结果

输入			输出	
A	B	C	Y_1	Y_2
0	0	0		
0	0	1		
0	1	0		
0	1	1		
1	0	0		
1	0	1		
1	1	0		
1	1	1		

五、实验注意事项

1．插线要平整、牢固、不可立体交叉连接,合理布局,严防短路,以便检查。

2．在连接、拆除导线时,要关闭电源,手要捏住导线接头,以防导线断开。

六、思考题

1．什么是组合逻辑电路?它在电路结构上有哪些特点?

2．分析组合逻辑电路的目的是什么?分析方法有哪些?

七、实验报告要求

1．整理实验结果,并加以分析。

2．总结组合逻辑电路的一般分析方法。

5.3　SSI 组合逻辑电路的设计

一、实验目的

1．熟悉组合逻辑电路的特点。

2．掌握用门电路设计组合逻辑电路的方法。

二、实验原理

组合逻辑电路是最常见的逻辑电路,其特点是输出逻辑状态完全由当前输入状态决定,而与过去的输出状态无关。

组合逻辑电路的设计步骤为:已知逻辑要求→确定输入、输出变量→列出真值表→写出逻辑表达式→运用代数法或卡诺图法化简→最简逻辑表达式→画出逻辑图。

所谓"最简"是指在给定的逻辑门电路中,所用的器件数最少,器件的种类最少,器件间的连线最短。

三、实验仪器

THD – 4 数字电路实验箱

数字集成芯片 74LS00、74LS20、74LS54、74LS86

四、实验内容

1．设计一个多数表决电路。当三个输入中有两个或三个输入为 **1** 时,输出才为 **1**。试用与非门实现这一逻辑功能,画出实验电路图,并测试实际结果。

2．设计一个将余 3 码变换为 8421BCD 码的组合逻辑电路。

3．一台电机可以用三个开关中任何一个开关起动与关闭,另有温度传感器,当温度超过某设定值时关闭电机并报警,同时各个开关再也不能起动电机。试用适当的集成电路芯片设计实现这一逻辑功能,画出实验电路图,并测试实际结果。

五、实验注意事项

1．插线要平整、牢固、不可立体交叉连接,合理布局,严防短路,以便检查。

2．在连接、拆除导线时,要关闭电源,手要捏住导线接头,以防导线断开。

六、思考题

1．逻辑函数的化简对组合逻辑电路的设计有何实际意义?

2. 说明单输出组合逻辑电路和多输出组合逻辑电路在设计时的异同点。

七、实验报告要求

1. 写出多数表决电路的设计步骤。
2. 总结组合逻辑电路的设计方法。

5.4　MSI 集成电路的功能测试及应用

一、实验目的

1. 了解编码器、译码器、数据选择器的逻辑功能及使用方法。
2. 掌握用译码器、数据选择器实现组合逻辑函数的方法。

二、实验原理

1. 10 线 – 4 线优先编码器 74LS147

编码器是用二进制码表示十进制数或其他一些特殊信息的电路。常用的编码器有普通编码器和优先编码器两类,编码器又可分为二进制编码器和二 – 十进制编码器。

74LS147 为 10 线 – 4 线优先编码器,其外引脚排列如图 5 – 4 – 1 所示。该编码器输入为 1~9 九个数字,输出为 BCD 码,数字 0 不是输入信号,输入与输出都是低电平有效。其特点为输出是输入线编码二进制数的反码。

2. 3 线 – 8 线译码器 74LS138

译码器的作用和编码器相反,它是将给定的代码按照其原意变换成对应的输出信号或另一种代码的逻辑电路。译码器大致分为变量译码器、码制变换译码器、显示译码器等。

74LS138 是 TTL 系列中的 3 线 – 8 线译码器,它的外引脚排列如图 5 – 4 – 2 所示,其中 A、B 和 C 是二进制代码输入端,$\overline{Y}_0$、$\overline{Y}_1$、$\cdots$、$\overline{Y}_7$ 是输出端,低电平有效,G_1、$\overline{G}_{2A}$、$\overline{G}_{2B}$ 是控制端,每一个输出端的输出函数为: $\overline{Y}_i = m_i(G_1 \, \overline{G}_{2A} \, \overline{G}_{2B})$,其中 m_i 为输入 C、B、A 的最小项。

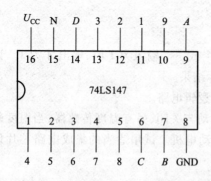

图 5 – 4 – 1　74LS147 外引脚排列图

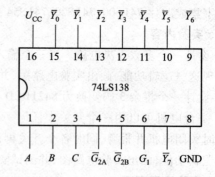

图 5 – 4 – 2　74LS138 外引脚排列图

3. 8 选 1 数据选择器 74LS151

数据选择器 74LS151 具有 8 个输入信号 $D_0 \sim D_7$,一对互补输出信号 Y 和 $\overline{W}$,三个数据通道

选择信号 C、B、A 和输出使能信号 $\overline{G}$。其外引脚排列如图 5-4-3所示，其中 Y 是输出信号，$\overline{W}$ 是 Y 的非信号，m_i 是选择信号的最小项，D_i 是对应的输入信号，$\overline{G}$ 是使能信号。当 $\overline{G} = 0$ 时，多路选择器被选通，正常工作，$Y = \sum\limits_{i=0}^{7} m_i D_i$；当 $\overline{G} = 1$ 时，多路选择器未被选通，Y 端输出低电平。

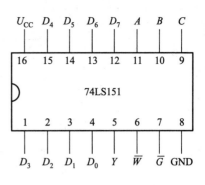

图 5-4-3 74LS151 外引脚排列图

三、实验仪器

THD-4 数字电路实验箱

数字集成芯片 74LS147、74LS138、74LS151、74LS20

四、实验内容

1. 测试 74LS138 集成芯片的逻辑功能

输入端接实验箱的电平输出，输出端接实验箱的状态显示，16 脚接 5 V 电源的"＋"端，8 脚接电源地。改变电路的输入电平，观察输出变化，将测试结果填入表 5-4-1 中，验证 3 线-8 线译码器的逻辑功能。

表 5-4-1 74LS138 逻辑功能测试表

片选			通道选择			输出							
G_1	$\overline{G}_{2A}$	$\overline{G}_{2B}$	C	B	A	$\overline{Y}_0$	$\overline{Y}_1$	$\overline{Y}_2$	$\overline{Y}_3$	$\overline{Y}_4$	$\overline{Y}_5$	$\overline{Y}_6$	$\overline{Y}_7$
0	×	×	×	×	×								
×	1	×	×	×	×								
×	×	1	×	×	×								
1	0	0	0	0	0								
1	0	0	0	0	1								
1	0	0	0	1	0								
1	0	0	0	1	1								
1	0	0	1	0	0								
1	0	0	1	0	1								
1	0	0	1	1	0								
1	0	0	1	1	1								

2. 3 线-8 线译码器 74LS138 的应用

① 74LS138 和 74LS20 构成的组合逻辑电路如图 5-4-4 所示。按图连接电路，自拟测试表格，测试电路的逻辑功能。

② 试用 74LS138 和适当的门电路设计实现一位全加器。

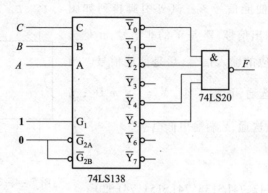

图 5 - 4 - 4　用 74LS138 实现逻辑函数

3. 测试 74LS151 集成芯片的逻辑功能

输入端接实验箱的电平输出,输出端接实验箱的状态显示,16 脚接 5 V 电源的"+"端,8 脚接 5 V 电源的"−"端。改变电路的输入电平,观察输出变化,将测试结果填入表 5 - 4 - 2 中,验证 8 选 1 数据选择器的逻辑功能。

表 5 - 4 - 2　74LS151 逻辑功能测试表

输入			使能	输出	
C	B	A	$\overline{G}$	Y	$\overline{W}$
×	×	×	1		
0	0	0	0		
0	0	1	0		
0	1	0	0		
0	1	1	0		
1	0	0	0		
1	0	1	0		
1	1	0	0		
1	1	1	0		

4. 8 选 1 数据选择器 74LS151 的应用

① 74LS151 构成的组合逻辑电路如图 5 - 4 - 5 所示。按图连接电路,自拟测试表格,测试电路的逻辑功能。

② 试用 74LS151 设计实现三人多数表决电路。

五、实验注意事项

1. 实验时切勿拿起芯片,以防损坏。连线时注意各引脚功能,不要接错。

2. 布线顺序:先接地线和电源线,再接不变的固定输入端,最后按信号流向连接输入线、输出线和控制线。

六、思考题

1. 当逻辑函数的变量个数多于地址码的个数时,如何用数据选择器实现逻辑函数?

2. 二进制译码器有什么特点?为什么说它特别适用于实现多输出组合逻辑函数?

3. 集成芯片 74LS151 和 74LS138 在使用时各使能端应怎样处理?

七、实验报告要求

1. 说明用数据选择器设计多数表决电路的详细过程,整理实验结果。

2. 总结译码器和数据选择器的性能和使用方法。

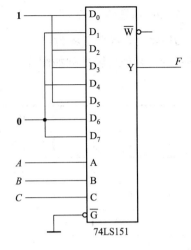

图 5 - 4 - 5　用 74LS151 实现逻辑函数

5.5　触发器功能测试及其简单应用

一、实验目的

1. 熟悉常用触发器的逻辑功能,熟悉触发器间逻辑功能的转换方法。

2. 掌握触发器逻辑功能的测试方法。

3. 了解触发器的一些简单应用。

二、实验原理

触发器是组成时序电路的重要单元电路,利用触发器可以构成计数器、分频器、寄存器、时钟脉冲控制器。根据逻辑功能的不同,触发器可分为 RS 触发器、D 触发器、JK 触发器、T 触发器等。根据触发方式的不同,触发器可分为电平触发器、边沿触发器和主从触发器等。触发器的逻辑功能可用特性表、激励表、特性方程和时序图来描述。

1. 基本 RS 触发器

用与非门组成的基本 RS 触发器如图 5 - 5 - 1 所示。图中 $\overline{S}$ 为置 1 输入端,$\overline{R}$ 为置 0 输入端,都是低电平有效,Q、$\overline{Q}$ 为输出端,一般以 Q 的状态作为触发器的状态。真值表如表 5 - 5 - 1 所示。

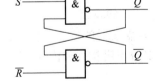

图 5 - 5 - 1　与非门组成的
基本 RS 触发器

表 5 - 5 - 1　基本 RS 触发器真值表

$\overline{R}$	$\overline{S}$	Q^{n+1}	$\overline{Q}^{n+1}$
0	1	0	1
1	0	1	0
1	1	Q^n	$\overline{Q}^n$
0	0	1	1

2. JK 触发器

JK 触发器特性方程为：$Q^{n+1} = J\bar{Q}^n + \bar{K}Q^n$，真值表如表 5 - 5 - 2 所示。74LS76 是双 JK 下降沿触发器，其外引脚排列如图 5 - 5 - 2 所示。

表 5 - 5 - 2　JK 触发器真值表

输入					输出	
$\bar{R}_D$	$\bar{S}_D$	CP	J	K	Q^{n+1}	$\bar{Q}^{n+1}$
0	1	×	×	×	0	1
1	0	×	×	×	1	0
1	1	↓	0	0	Q^n	$\bar{Q}^n$
1	1	↓	0	1	0	1
1	1	↓	1	0	1	0
1	1	↓	1	1	$\bar{Q}^n$	Q^n

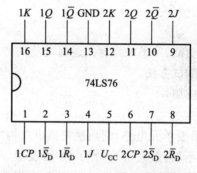

图 5 - 5 - 2　74LS76 外引脚排列

3. D 触发器

D 触发器的特性方程为：$Q^{n+1} = D$，真值表如表 5 - 5 - 3 所示。74LS74 是双 D 上升沿触发器，其外引脚排列如图 5 - 5 - 3 所示。

表 5 - 5 - 3　D 触发器真值表

输入				输出	
$\bar{R}_D$	$\bar{S}_D$	CP	D	Q^{n+1}	$\bar{Q}^{n+1}$
0	1	×	×	0	1
1	0	×	×	1	0
1	1	↑	0	0	1
1	1	↑	1	1	0

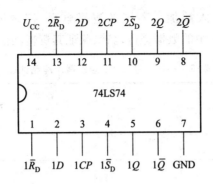

图 5 - 5 - 3 74LS74 外引脚排列图

4. 触发器的转换

各种触发器间逻辑功能可以相互转换。在将一种触发器代替另一种触发器使用时,通常利用令它们特性方程相等的原则来实现功能转换。

5. 触发器的简单应用

分频器的输出频率是输入频率的若干分之一,而倍频器的输出频率是输入频率的若干倍。图 5 - 5 - 4 所示电路分别为用 D 触发器构成的二分频器和二倍频器。

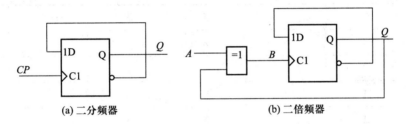

图 5 - 5 - 4 二分频器和二倍频器电路

由 D 触发器构成的石英手表中秒信号产生电路如图 5 - 5 - 5 所示。石英振荡器输出振荡频率为 32 768 Hz,经 15 级二分频器后,获得频率为 1 Hz 即周期为 1 s 的秒脉冲信号。

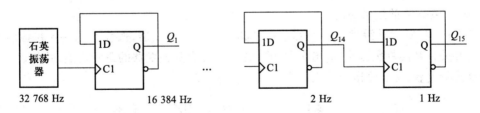

图 5 - 5 - 5 由 D 触发器构成的秒信号电路

三、实验仪器

THD - 4 数字电路实验箱

数字集成芯片 74LS00、74LS74、74LS76、74LS86

四、实验内容

1. 测试基本 RS 触发器的逻辑功能

按图 5 - 5 - 1 所示电路用 74LS00 与非门芯片构成基本 RS 触发器,接通芯片电源线和地线,

在基本 RS 触发器的 $\bar{S}$、$\bar{R}$ 输入端加入不同的逻辑电平,记录输出 Q、$\bar{Q}$ 的逻辑状态,填入表 5－5－4 中,并与表 5－5－1 中的数据进行比较,验证其逻辑功能。

表 5－5－4　基本 RS 触发器功能测试表

$\bar{R}$	$\bar{S}$	Q^{n+1}	$\bar{Q}^{n+1}$
0	1		
1	0		
1	1		
0	0		

2. 测试 74LS76 的逻辑功能

在 74LS76 双 JK 下降沿触发器的芯片中取其中一个 JK 触发器,按表 5－5－5 在各输入端分别接逻辑开关,CP 接单次脉冲,输出接发光二极管。测试 JK 触发器的逻辑功能,并与表 5－5－2 中的数据进行比较,写出输出与输入的表达式。

表 5－5－5　74LS76 功能测试表

$\bar{R}_D$	$\bar{S}_D$	CP	J	K	Q^{n+1}	$\bar{Q}^{n+1}$
0	1	×	×	×		
1	0	×	×	×		
1	1	↓	0	0		
1	1	↓	0	1		
1	1	↓	1	0		
1	1	↓	1	1		

3. 测试 74LS74 的逻辑功能

在 74LS74 双 D 上升沿触发器的芯片中取其中一个 D 触发器,按表 5－5－6 在各输入端分别接逻辑开关,CP 接单次脉冲,输出接发光二极管。测试 D 触发器的逻辑功能,并与表 5－5－3 中的数据进行比较,写出输出与输入的表达式。

表 5－5－6　74LS74 功能测试表

$\bar{R}_D$	$\bar{S}_D$	CP	D	Q^{n+1}	$\bar{Q}^{n+1}$
0	1	×	×		
1	0	×	×		
1	1	↑	0		
1	1	↑	1		

4. 触发器逻辑功能的转换

将 JK 触发器分别转换成 D 触发器、T 触发器,并检验逻辑功能,测试方法自定。

5. 二倍频器功能测试

按图 5 – 5 – 4(b)所示的二倍频器电路接线,A 接连续脉冲,观察 B 与 A 的变化规律,注意对应关系。

五、实验注意事项

1. 实验时切勿拿起芯片,以防损坏,连线时注意各引脚功能,不要接错。

2. 调试时按逻辑要求先进行静态测试,后进行动态测试。

六、思考题

1. 用**与**非门组成的基本 RS 触发器的约束条件是什么? 如果改用**或**非门组成基本 RS 触发器,其约束条件是什么?

2. JK 触发器和 D 触发器所使用的时钟脉冲能否用逻辑电平开关提供?

3. 分析图 5 – 5 – 4(b)所示的二倍频器的工作原理。

七、实验报告要求

1. 画出触发器间转换的逻辑图和连线图,说明拟定的测试方法和结果。

2. 写出在分析和调试过程中出现的问题,并说明解决问题的方法。

5.6　时序逻辑电路的分析

一、实验目的

1. 熟悉时序逻辑电路的分析方法。

2. 掌握时序逻辑电路的测试方法。

二、实验原理

组合逻辑电路的输出仅与输入有关,而时序逻辑电路的输出不仅与输入有关而且与电路原来的状态有关。时序逻辑电路由触发器和组合逻辑电路组成,触发器必不可少,而组合逻辑电路可简可繁。在时序电路中所有触发器的状态都是在同一时钟信号作用下发生变化的时序电路称为同步时序电路。时序电路中各触发器的状态不是在同一时钟信号作用下变化的时序电路称为异步时序电路。

同步时序电路的分析步骤为:已知时序电路逻辑图→写出各个触发器的驱动方程、状态方程、输出方程→状态表、状态图→时序图→时序电路的功能。异步时序电路的分析方法与同步时序电路的分析方法基本相同,由于异步时序电路中的各个触发器时钟不同,因此分析异步时序电路时,应标出状态方程的有效条件。

三、实验仪器

THD – 4 数字电路实验箱

数字集成芯片 74LS00、74LS74、74LS76

四、实验内容

1. 选择适当的集成电路芯片,按照图 5 – 6 – 1、图 5 – 6 – 2 所示电路连接电路,输入端接实验箱的电平输出,输出端接实验箱的状态显示,改变电路的输入电平,观察输出变化,自拟表格,写出状态表,画出状态图、时序图,分析同步时序逻辑电路的逻辑功能,验证理论分析的结果。

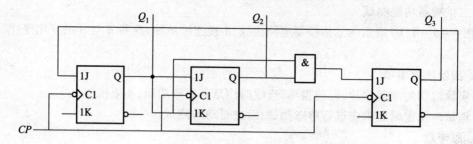

图 5 - 6 - 1　同步时序逻辑电路

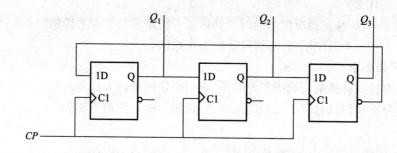

图 5 - 6 - 2　同步时序逻辑电路

2. 选择适当的集成电路芯片,按照图 5 - 6 - 3、图 5 - 6 - 4 所示电路连接电路,输入端接实验箱的电平输出,输出端接实验箱的状态显示,改变电路的输入电平,观察输出变化,写出状态表,画出状态图、时序图,分析异步时序逻辑电路的逻辑功能,验证理论分析的结果。

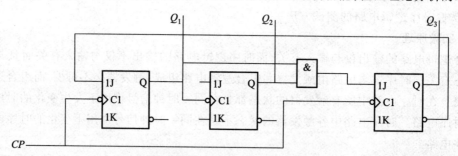

图 5 - 6 - 3　异步时序逻辑电路

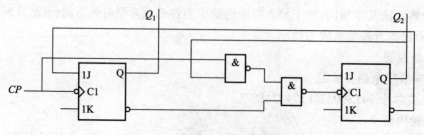

图 5 - 6 - 4　异步时序逻辑电路

五、实验注意事项

1. 实验时切勿拿起芯片，以防损坏，连线时注意各引脚功能，不要接错。
2. 调试时按逻辑要求先进行静态测试，后进行动态测试。

六、思考题

1. 时序逻辑电路和组合逻辑电路的根本区别是什么？
2. 同步时序逻辑电路与异步时序逻辑电路有何不同？

七、实验报告要求

1. 分析实验中各个电路的逻辑功能及工作特点。
2. 写出在分析和调试过程中出现的问题，并说明解决问题的方法。

5.7 任意进制计数器的设计

一、实验目的

1. 进一步熟悉集成计数器的逻辑功能和各控制端的作用。
2. 掌握用集成计数器实现任意进制计数器的方法。
3. 学会集成计数器的级联方法。

二、实验原理

1. 集成同步二进制加法计数器 74LS161、74LS163

74LS161、74LS163 都是同步 4 位二进制加法计数器，即同步十六进制加法计数器。表 5-7-1 是 74LS161 的功能表，表 5-7-2 是 74LS163 的功能表，所不同的是 74LS163 为同步清零而 74LS161 为异步清零。74LS161、74LS163 的外引脚排列如图 5-7-1 所示。

表 5-7-1　74LS161(74LS160)的功能表

输入					输出
$\overline{CLR}$	$\overline{LOAD}$	ENT	ENP	CP	Q^n
0	×	×	×	×	异步清零
1	0	×	×	↑	同步预置
1	1	1	1	↑	计数
1	1	0	×	×	保持
1	1	×	0	×	保持

表 5-7-2　74LS163 的功能表

输入					输出
$\overline{CLR}$	$\overline{LOAD}$	ENT	ENP	CP	Q^n
0	×	×	×	↑	同步清零
1	0	×	×	↑	同步预置
1	1	1	1	↑	计数
1	1	0	×	×	保持
1	1	×	0	×	保持

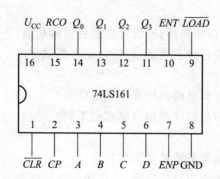

图 5 - 7 - 1　74LS161（74LS163、74LS160）外引脚排列图

2. 集成异步二进制加法计数器 74LS293

74LS293 是异步 4 位二进制加法计数器，是由一个二进制和一个八进制计数器组成，时钟端 CK_A 和 Q_A 组成二进制计数器，时钟端 CK_B 和 Q_D、Q_C、Q_B 组成八进制计数器，两个计数器具有相同的清除端 $R_{0(1)}$ 和 $R_{0(2)}$。两个计数器串接可组成十六进制的计数器，使用起来非常灵活。表 5 - 7 - 3 是 74LS293 的功能表，74LS293 的外引脚排列如图 5 - 7 - 2 所示。

表 5 - 7 - 3　74LS293 功能表

输入				输出
$R_{0(1)}$	$R_{0(2)}$	CK_A	CK_B	Q
1	**1**	×	×	清零
0	×	↓	↓	计数
×	**0**	↓	↓	计数

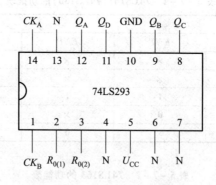

图 5 - 7 - 2　74LS293 外引脚排列图

3. 集成同步十进制加法计数器 74LS160

74LS160 是同步十进制加法计数器，74LS161 是同步 4 位二进制加法计数器，74LS160 和 74LS161 的功能表和外引脚排列相同。

4. 集成异步十进制加法计数器 74LS290

74LS290 是由一个二进制计数器和一个五进制计数器组成，其中时钟 CK_A 和输出 Q_A 组成二进制计数器,时钟 CK_B 和输出端 Q_D、Q_C、Q_B 组成五进制计数器。另外这两个计数器还有公共置0端 $R_{0(1)}$ 和 $R_{0(2)}$ 和公共置9端 $S_{9(1)}$ 和 $S_{9(2)}$。74LS290是二、五进制计数器,若将 Q_A 连接到 CK_B 就得到十进制计数器。表 5-7-4 为74LS290的功能表,74LS290的外引脚排列如图 5-7-3 所示。

表 5-7-4 74290 功能表

输入				输出			
$R_{0(1)}$	$R_{0(2)}$	$S_{9(1)}$	$S_{9(2)}$	Q_D	Q_C	Q_B	Q_A
1	1	0	×	0	0	0	0
1	1	×	0	0	0	0	0
×	×	1	1	1	0	0	1
×	0	×	0	计数			
0	×	0	×	计数			
0	×	×	0	计数			
×	0	0	×	计数			

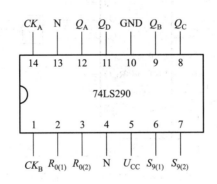

图 5-7-3 74LS290 外引脚排列图

5. 任意进制计数器的设计

常用的集成计数器都有典型的产品,不必自己设计。若要构成任意进制计数器,可利用这些计数器,并增加适当的外电路构成。用 N 进制计数器实现 M 进制计数器时,若 $N > M$,要得到 M 进制计数器,需要去掉 $(N-M)$ 个状态,可以用反馈清零法或反馈预置数法;若 $N < M$,则要用多片 N 进制计数器来实现,片间的级联方法有串行进位、并行进位、整体置零和整体置数四种方法。

(1) 反馈清零法

反馈清零法就是利用计数器清零端的清零作用,截取计数过程中的某一个中间状态控制清零端,使计数器由此返回到零重新开始计数,这样就去掉了一些状态,把模较大的计数器改为模较小的计数器。用 N 进制计数器实现 M 进制计数器时,若为同步清零,则在 $(M-1)$ 状态将计数器清零;若为异步清零,则在 M 状态将计数器清零。

　　74LS161 和 74LS163 都是集成同步十六进制加法计数器,74LS163 具有同步清零端,图 5 - 7 - 4 所示电路的工作状态为 **0000 ~ 1011**,构成了十二进制计数器。74LS161 具有异步清零端,图 5 - 7 - 5 所示电路的工作状态为 **0000 ~ 1011**,构成了十二进制计数器。

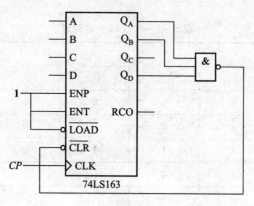

图 5 - 7 - 4　74LS163 反馈清零法

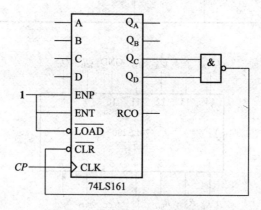

图 5 - 7 - 5　74LS161 反馈清零法

　　(2) 反馈预置数法

　　反馈预置数法是利用计数器预置数端的置位作用,从 N 进制计数器循环中任何一个状态置入适当的数值而跳过 $N - M$ 个状态,得到 M 进制计数器。

　　74LS163 具有同步预置数端,在图 5 - 7 - 6(a)所示电路中,选择 **1011** 产生 $\overline{LOAD} = 0$ 的预置数信号,预置数为 **0000**,工作状态为 **0000 ~ 1011**,构成了十二进制计数器。

　　在图 5 - 7 - 6(b)所示电路中,选择 **1100** 产生 $\overline{LOAD} = 0$ 的预置数信号,预置数为 **0001**,工作状态为 **0001 ~ 1100**,构成了十二进制计数器。

　　在图 5 - 7 - 6(c)所示电路中,选择 **1101** 产生 $\overline{LOAD} = 0$ 的预置数信号,预置数为 **0010**,工作状态为 **0010 ~ 1101**,构成了十二进制计数器。

　　在图 5 - 7 - 6(d)所示电路中,选择 **1110** 产生 $\overline{LOAD} = 0$ 的预置数信号,预置数为 **0011**,工作状态为 **0011 ~ 1110**,构成了十二进制计数器。

在图 5 - 7 - 6(e)所示电路中,选择 **1111** 产生 $\overline{LOAD}=\mathbf{0}$ 的预置数信号,预置数为 **0100**,工作状态为 **0100 ~ 1111**,构成了十二进制计数器。

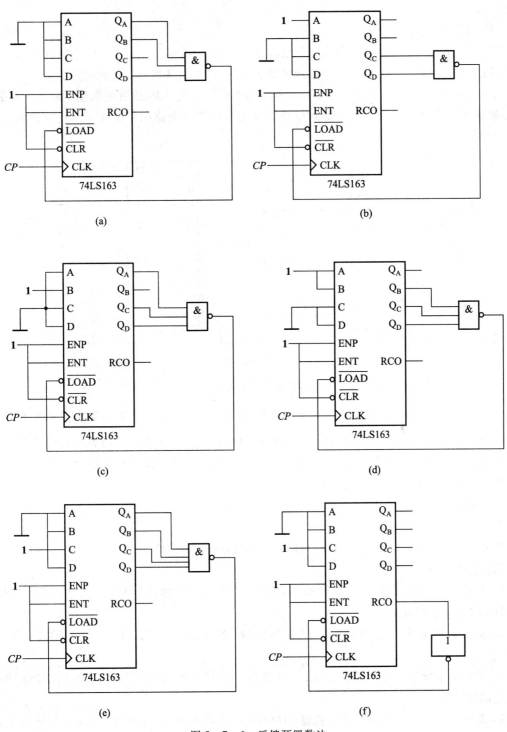

图 5 - 7 - 6 反馈预置数法

在图 5 – 7 –6(f)所示电路中,选择由进位信号置最小数的方法,当输出为 **1111** 时,进位端给出高电平,经非门送到$\overline{LOAD}$端,预置数为 **0100**,工作状态为 **0100 ~ 1111**,构成了十二进制计数器。

（3）级联法

将多个计数器级联起来,可以获得计数容量更大的 M 进制计数器。一般集成计数器都设有级联用的输入端和输出端,只要正确连接这些级联端,就可以获得所需进制的计数器。

方法之一是用多片 N 进制计数器串联起来,使 $N_1 N_2 \cdots N_n > M$,然后使用整体清零或置数法,形成 M 进制计数器。图 5 – 7 – 7 所示电路为级间采用串行进位和整体清零方式构成的二十四进制计数器。

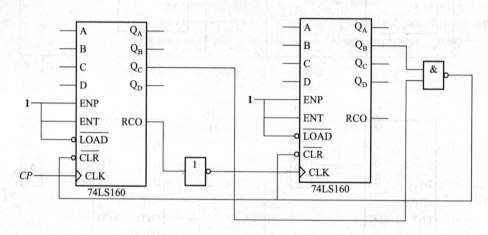

图 5 – 7 – 7　整体清零方式构成的二十四进制计数器

方法之二是假如 M 可分解成两个因数相乘,即 $M = N_1 \cdot N_2$,则可采用同步或异步方式将一个 N_1 进制计数器和一个 N_2 进制计数器连接起来,构成 M 进制计数器。同步方式连接是指两个计数器的时钟端连接到一起,低位进位控制高位的计数使能端。异步方式连接是指低位计数器的进位信号连接到高位计数器的时钟端。

三、实验仪器

THD – 4 数字电路实验箱

数字集成芯片 74LS161、74LS163、74LS293、74LS160、74LS290、74LS00

四、实验内容

1. 验证集成同步二进制加法计数器 74LS161、74LS163 的逻辑功能,试分别用 74LS161、74LS163 构成十进制计数器。

2. 验证集成异步二进制加法计数器 74LS293 的逻辑功能,试用 74LS293 构成十进制计数器。

3. 验证集成异步十进制加法计数器 74LS290 的逻辑功能,试用 74LS290 和 74LS293 构成二十四进制计数器。

4. 验证集成同步十进制加法计数器 74LS160 的逻辑功能,试用两片 74LS160 组成六十进制计数器。

五、实验注意事项

1. 实验时切勿拿起芯片,以防损坏,连线时注意各引脚功能,不要接错。
2. 在连接、拆除导线时,要关闭电源,手要捏住导线接头,以防导线断开。

六、思考题

1. 试叙述用同步清零控制端和同步置数控制端构成 M 进制计数器的方法。
2. 利用计数器的级联获得大容量 M 进制计数器时应注意什么?

七、实验报告要求

1. 写出详细的设计过程,并画出所设计的电路图。
2. 分析在设计和调试过程中出现的问题,并说明解决问题的方法。

5.8　555 定时器及其应用

一、实验目的

1. 熟悉 555 定时器的结构、工作原理及其特点。
2. 掌握用 555 定时器构成多谐振荡器、单稳态触发器和施密特触发器的方法。

二、实验原理

1. 555 定时器

555 定时器电路是一种数字、模拟混合型的中规模集成电路,应用十分广泛。它是一种产生时间延迟和多种脉冲信号的电路,由于内部电压标准使用了三个 5 kΩ 电阻,故取名 555 电路。其电路类型有双极型和 CMOS 型两大类,二者的结构与工作原理类似。几乎所有的双极型产品型号最后的三位数码都是 555 或 556;所有的 CMOS 产品型号最后四位数码都是 7555 或 7556,二者的逻辑功能和引脚排列完全相同,易于互换。555 和 7555 是单定时器;556 和 7556 是双定时器。双极型的电源电压为 +5 ~ +15 V,输出的最大电流可达 200 mA,CMOS 型的电源电压为 +3 ~ +18 V。

图 5 – 8 – 1 为 555 集成电路内部结构框图。其中由三个 5 kΩ 的电阻 R_1、R_2 和 R_3 组成分压器,为两个比较器 C_1 和 C_2 提供参考电压,当控制端 U_M 悬空时(为避免干扰 U_M 端与地之间接一 0.01 μF 左右的电容),$u_A = 2U_{CC}/3$,$u_B = U_{CC}/3$,当控制端加电压 U_M 时,$u_A = U_M$,$u_B = U_M/2$。放电管 T 的输出端 Q' 为集电极开路输出。$\overline{R}_D$ 是复位端,若复位端 $\overline{R}_D$ 加低电平或接地,不管其他输入状态如何,均可使输出 u_0 为 **0** 电平。正常工作时必须使 $\overline{R}_D$ 处于高电平。555 定时器的功能由两个比较器 C_1 和 C_2 的工作状况决定。555 定时器的功能如表 5 – 8 – 1 所示。

2. 555 定时器构成的单稳态触发器

图 5 – 8 – 2 为一个由 555 定时器构成的单稳态触发器。电路中 R_i 和 C_i 为输入回路的微分环节,确保 u_2 的负脉冲宽度 $t_{PI} < t_{PO}$,t_{PO} 为单稳态输出脉冲宽度,一般要求 $t_{PI} > 5R_iC_i$。电路中 R、C 为单稳态触发器的定时元件,其连接点的信号 u_C 加到阈值输入 TH(6 脚)和放电管 T 的集电极 Q'(7 脚)。复位输入端 $\overline{R}_D$(4 脚)接高电平,即不允许其复位;控制端 U_M(5 脚)通过电容 0.01 μF 接地,以保证 555 定时器上下比较器的参考电压为 $2U_{CC}/3$、$U_{CC}/3$ 不变。单稳态的输出

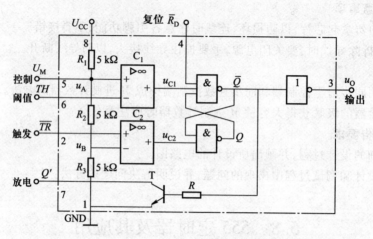

图 5 - 8 - 1 555 定时器内部框图及引脚排列

表 5 - 8 - 1 555 定时器的功能表

输入			输出	
阈值输入 u_6	触发输入 u_2	复位 $\overline{R}_D$	输出 u_O	放电管 T 的状态
×	×	0	0	导通
$< u_A$	$< u_B$	1	1	截止
$> u_A$	$> u_B$	1	0	导通
$< u_A$	$> u_B$	1	不变	不变

信号为 u_O。由电路可知,按图 5 - 8 - 2 连接的 555 定时器只要一接通电源,不管电路原来处于什么状态,经过一段时间,在没有外界触发信号作用的情况下,它总能处于稳态,使输出 u_O 为低电平。经验估算公式为:$t_{PO} = RC\ln3 \approx 1.1RC$。电路中 u_1、u_2、u_O 和 u_c 的波形如图 5 - 8 - 3 所示。

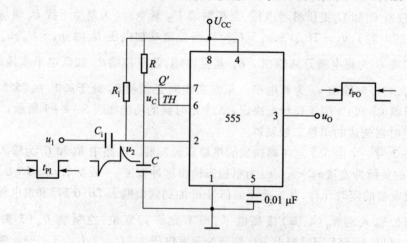

图 5 - 8 - 2 单稳态触发器电路

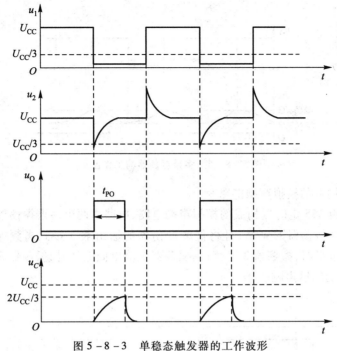

图 5 - 8 - 3　单稳态触发器的工作波形

3. 555 定时器构成的多谐振荡器

用 555 定时器构成的多谐振荡器如图 5 - 8 - 4 所示。将施密特触发器的反相输出端经 RC 积分电路接回到它的输入端,就构成了多谐振荡器。在此电路中,定时元件除电容 C 外,还有两个电阻 R_A 和 R_B,它们串接在一起,电容 C 和 R_B 的连接点接到两个比较器 C_1 和 C_2 的输入端 TH 和 $\overline{TR}$, R_A 和 R_B 的连接点接到放电管 T 的输出端 Q'。电路中 u_O 和 u_c 的波形如图 5 - 8 - 5 所示。多谐振荡器输出信号的占空比为

$$d = \frac{T_1}{T_1 + T_2} = \frac{R_A + R_B}{R_A + 2R_B}$$

可见,若 $R_B \gg R_A$,电路即可输出占空比为 50% 的方波信号。

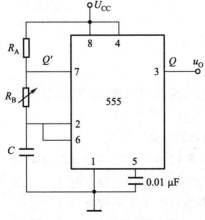

图 5 - 8 - 4　多谐振荡器电路

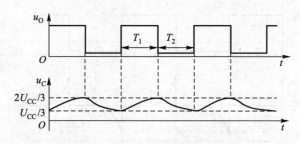

图 5 - 8 - 5　多谐振荡器的工作波形

4. 555 定时器构成的模拟声响电路

图 5 - 8 - 6 为由 555 定时器构成的模拟声响电路,电路由两个多谐振荡器构成,第 1 个振荡器的频率小于第 2 个振荡器的频率,且将低频振荡器的输出端 3 接到高频振荡器的复位端 4。当振荡器 1 输出高电平时,振荡器 2 振荡;当振荡器 1 输出低电平时,振荡器 2 停止振荡,故扬声器发出"呜——呜"的间歇声响。

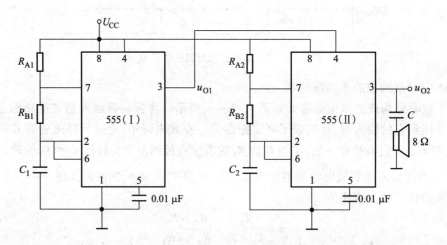

图 5 - 8 - 6　模拟声响发生器

三、实验仪器

数字电路实验箱

UT53 数字式万用表

GOS - 620 双踪示波器

数字集成芯片:555 定时器、二极管、电位器、电阻、电容

四、实验内容

1. 用 555 定时器构成单稳态触发器

按图 5 - 8 - 2 接好线路,取 $R = 5.1 \text{ k}\Omega$,$C = 0.1 \text{ }\mu\text{F}$,由 u_1 输入一个连续脉冲,保证其周期 T 大于 t_{PO},用双踪示波器观察、记录输入电压 u_1、输出电压 u_0 波形,测量输出脉冲宽度 t_{PO}。增大 R 的值,观察输出电压 u_0 的波形和电容电压 u_c 的波形,并记录。

2. 用 555 定时器构成多谐振荡器

按图 5 – 8 – 4 接好线路,取 $R_A = 100\text{ k}\Omega$,$R_B = 100\text{ k}\Omega$,$C = 0.1\text{ μF}$,检查电路接线无误后接通电源,用双踪示波器观察、记录输出电压 u_o 波形,并测量输出波形的频率。减小 R_B 的值,再观察、记录输出电压波形,测量其振荡频率和占空比。

3. 用 555 定时器构成施密特触发器

自己选择元件参数,画好电路图,并根据电路图接好电路。输入频率为 1 kHz 的正弦电压,对应画出输入电压和输出电压波形。然后在电压控制端 5 外接 1.5 ~ 5 V 的可调电压,观察输出脉冲宽度的变化。

4. 模拟声响电路

按图 5 – 8 – 6 接线,并选择电路元件参数,使振荡器 1 振荡频率为 1 kHz,振荡器 2 振荡频率为 2 kHz。用双踪示波器观察两个振荡器的输出波形,试听音响效果。调换外接阻容元件,再试听音响效果。

五、实验注意事项

1. 实验前要清楚 555 定时器各引脚的位置,切不可将电源极性接反或输出端短路,否则会损坏集成块。

2. 注意 555 定时器的工作电压,双极型的电源电压为 +5 ~ +15 V,输出的最大电流可达 200 mA,CMOS 型的电源电压为 +3 ~ +18 V。

六、思考题

1. 在实验中 555 定时器 5 脚所接的电容起什么作用?

2. 产生脉冲信号你能想到有几种方法?试一一说明。

七、实验报告要求

1. 整理测试结果,画出实验内容中所测量的波形图。

2. 比较多谐振荡器、单稳态触发器、施密特触发器的工作特点,说明每种电路的主要用途。

5.9　交通灯控制电路的设计

一、实验目的

1. 熟悉数字电路中计数、显示、控制电路的应用及特点。

2. 进一步熟悉进行大、中型电路设计的方法,掌握基本的原理和设计过程。

3. 提高设计电路、解决实际问题的能力。

二、实验原理

交通灯控制电路原理框图如图 5 – 9 – 1 所示。根据要求,该控制电路具有计时(即 50 s、30 s 和 5 s)功能,通过秒脉冲的计数,实现红、黄、绿三种颜色灯的交替显示,因此需要计数器、各种逻辑门及触发器。由于要有时间提示的数字显示,即根据红绿灯的时间进行倒计时显示,这就需要数码管、译码器等显示、控制器件。综上所述,设计电路应包括主控制电路、定时电路、译码显示电路及秒脉冲发生器。

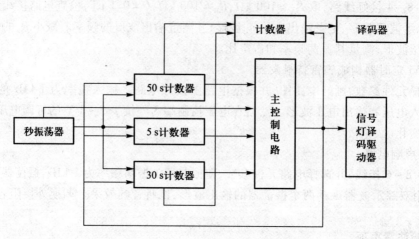

图 5 – 9 – 1　交通灯控制电路原理框图

三、实验内容

1. 设计整体电路,画出电路原理图,并在计算机上做仿真实验。

2. 分块调试电路,并记录参数。

3. 组装调试电路,测试整体电路的功能。信号灯用发光二极管代替。

四、实验报告要求

1. 画出总电路框图及总体原理图。

2. 设计思想及基本原理分析。

3. 单元电路分析。

4. 测试结果及调试过程中遇到的故障分析。

5. 设计过程的体会与创新点。

6. 元件清单及参考书目。

5.10　数字电子钟逻辑电路设计

一、实验目的

1. 学习数字系统的设计方法和调试方法。

2. 进一步掌握计数器的设计及应用。

3. 熟悉 555 定时器的实际应用,提高解决实际问题的能力。

二、实验原理

　　数字电子钟是一种用数字显示秒、分、时、日的计时装置,与传统的机械钟相比,它具有走时准确、显示直观、无机械传动装置等优点,因而得到了广泛的应用。数字电子钟的电路组成方框图如图 5 – 10 – 1 所示。它是由以下几部分组成:石英晶体振荡器和分频器组成的秒脉冲发生器;校时电路;六十进制秒、分计数器及二十四进制时计数器;秒、分、时的译码器显示部分等。

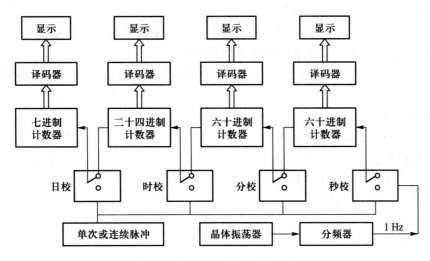

图 5 - 10 - 1　数字电子钟框图

1. 秒脉冲发生器

秒脉冲发生器是数字钟的核心部分,它的精度和稳定度决定了数字钟的质量,通常用石英晶体振荡器发出的脉冲经过整形、分频获得 1 Hz 的秒脉冲。

2. 计数译码显示电路

秒、分、时、日分别为六十进制、六十进制、二十四进制和七进制计数器。秒、分均为六十进制,即显示 00 ~ 59,它们的个位为十进制,十位为六进制。时为二十四进制计数器,显示 00 ~ 23,个位仍为十进制,而十位为三进制,但当十位计到 2,而个位计到 4 时清零,就为二十四进制计数器。日为七进制,按照表 5 - 10 - 1 译码器状态表来实现。

表 5 - 10 - 1　译码器状态表

Q_1	Q_2	Q_3	Q_4	显示
1	0	0	0	0
0	0	0	1	1
0	0	1	0	2
0	0	1	1	3
0	1	0	0	4
0	1	0	1	5
0	1	1	0	6

三、实验内容

用中、小规模集成电路设计一台能显示秒、分、时、日的数字电子钟,要求如下:

① 由晶体振荡器产生 1 Hz 标准秒信号。

② 秒、分均为 00 ~ 59 六十进制计数器。

③ 时为 00 ~ 23 二十四进制计数器。

④ 日显示为七进制计数器。

⑤ 可手动校正:能分别进行秒、分、时、日的校正。只要将开关置于手动位置,可分别对秒、分、时、日进行手动脉冲输入调整或连续脉冲输入的校正。

⑥ 整点报时:整点报时电路要求在每个整点前鸣叫五次低音(500 Hz),整点时再鸣叫一次高音(1 000 Hz)。

四、实验报告要求

1. 画出总电路框图及总体原理图。

2. 设计思想及基本原理分析。

3. 测试结果及调试过程中遇到的故障分析。

4. 设计过程的体会与创新点。

5. 元件清单。

6. 列出参考书目。

第6章 电机与控制实验

6.1 变压器的连接与测试

一、实验目的

1. 学会变压器同名端的判断方法。
2. 了解变压器的性能,学会灵活运用变压器。

二、实验原理

1. 变压器同名端的判断方法

（1）直流法

电路如图 6 - 1 - 1 所示,当开关 S 闭合瞬间,若毫安表的指针正偏,则可断定 1、3 为同名端;指针反偏,则可断定 1、4 为同名端。

（2）交流法

电路如图 6 - 1 - 2 所示,将两个绕组的任意两端（如 2、4）连接在一起,在一次绕组两端加低电压,用交流电压表分别测出端电压 U_{13}、U_{12} 和 U_{34}。若 U_{13} 为两个绕组端电压之差,则可断定 1、3 为同名端;若 U_{13} 为两个绕组端电压之和,则可断定 1、4 为同名端。

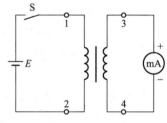

图 6 - 1 - 1　直流法测同名端

2. 变压器的连接

一只变压器都有一个一次绕组和一个或多个二次绕组。如果一只变压器有多个二次绕组,那么,在某些情况下,通过改变变压器各绕组端子的连接方式,可以满足一些临时性的要求。

① 如图 6 - 1 - 3 所示的变压器,有 15 V、0.3 A 和 5 V、0.3 A 的两个二次绕组。现在,如果想得到一组稍低于 5 V 的电压,用这只变压器（不能拆它）能实现吗?

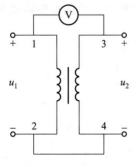

图 6 - 1 - 2　交流法测同名端

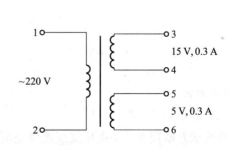

图 6 - 1 - 3　变压器绕组

要降低(或升高)变压器二次绕组的输出电压,有三种方法:

a. 降低(或升高)输入电压,这里需要用到调压器,还受到额定电压的限制。

b. 减小(或增加)二次绕组匝数。

c. 增加(或减小)一次绕组匝数。

后两种方法似乎都要拆变压器才能做到。但是,不拆变压器也能实现:只要把 15 V 绕组串入一次绕组(注意同名端,应头尾相串)再接入 220 V 电源,则变压器的另一个二次绕组的输出电压就会改变。

变压器一、二次绕组的每伏匝数基本上是相同的,设为 n,则该变压器一次绕组的匝数为 $220n$ 匝,两个二次绕组的匝数分别为 $15n$ 匝和 $5n$ 匝。把一个二次绕组正串入一次绕组后,一次绕组就变成 $(220+15)n$ 匝。当变压器一次绕组的匝数改变时,由于变压器二次绕组的输出电压与一次绕组的匝数成反比,所以将 15 V 绕组串入一次绕组后,5 V 绕组的输出电压(U_{o1})变为

$$U_{o1} = \frac{220n}{(220+15)n} \times 5 \text{ V} = 4.68 \text{ V}。$$

同理,如果把 15 V 绕组反串入一次绕组后,再接入 220 V 电源,则 5 V 绕组的输出电压(U_{o2})就变为 $U_{o2} = \frac{220n}{(220-15)n} \times 5 \text{ V} = 5.37 \text{ V}$。

② 将此变压器的两个二次绕组头尾相串,就可以得到 $U_{o3} = (15+5) \text{ V} = 20 \text{ V}$ 的二次输出电压。反之,如果将它的两个二次绕组反向串联,其输出电压就成为 $U_{o4} = (15-5) \text{ V} = 10 \text{ V}$。

③ 还可以将两个或多个输出电压相同的二次绕组并联(注意同名端相并联)以获得较大的负载电流。

④ 在将一个变压器的各个绕组进行串、并联使用时,应注意以下几个问题:

a. 两个或多个二次绕组,即使输出电压不同,均可以正向或反向串联使用,但串联后的绕组允许流过的电流应小于各绕组中最小的额定电流值。

b. 两个或多个输出电压相同的绕组,可同相并联使用。并联后的负载电流可以增加到并联前各绕组的额定电流之和,但不允许反相并联使用。

c. 输出电压不相同的绕组,绝对不允许并联使用,以免由于绕组内部产生环流而烧坏绕组。

d. 有多个抽头的绕组,一般只能取其中一组(任意两个端子)来与其他绕组串联或并联使用。并联使用时,该两端子间的电压应与被并绕组的电压相等。

e. 变压器的各绕组之间的串、并联都为临时性或应急性使用。长期性的应用仍然应采用规范设计的变压器。

三、实验仪器

THGE –1 型高级电工电子实验台

HE –17 试验变压器

四、实验内容

1. 变压器同名端的判断

① 用直流法判断图 6 –1 –1 中变压器各绕组的同名端。

② 用交流法判断图 6 –1 –2 中变压器各绕组的同名端。

2. 变压器的连接测试

① 将图 6-1-3 中变压器的 1、2 两端接 220 V 交流电压,测量并记录两个二次绕组的输出电压。

② 将图 6-1-3 中变压器的 1、3 两端连通,2、4 两端接 220 V 交流电压,测量并记录 5、6 两端的电压。

③ 将图 6-1-3 中变压器的 1、4 两端连通,2、3 两端接 220 V 交流电压,测量并记录 5、6 两端的电压。

④ 将图 6-1-3 中变压器的 4、5 两端连通,1、2 两端接 220 V 交流电压,测量并记录 3、6 两端的电压。

⑤ 将图 6-1-3 中变压器的 3、5 两端连通,1、2 两端接 220 V 交流电压,测量并记录 4、6 两端的电压。

五、实验注意事项

1. 由于实验中用到 220 V 交流电源,因此操作时应注意安全。做每个实验和测试之前,均应先将调压器的输出电压调为 0 V,接好连线和仪表,经检查无误后,再慢慢将调压器的输出电压调为 220 V。测试、记录完毕后立即将调压器的输出电压调为 0 V。

2. 图 6-1-2 中,变压器两个二次绕组所标注的输出电压是在额定负载下的输出电压。本实验中所测得的各个二次绕组的电压实际上是空载电压,要比所标注的电压高。

六、思考题

1. 将变压器的不同绕组串联使用时,要注意什么?

2. U_{o2} 的计算公式是如何得出的?

七、实验报告要求

1. 自拟测试数据表格,对实验结果及观察的现象进行分析。

2. 总结变压器的几种连接方法及其使用条件。

6.2　三相异步电动机的起动与调速

一、实验目的

1. 熟悉三相异步电动机的起动方法。

2. 掌握绕线式三相异步电动机转子回路串三相对称电阻的调速方法。

3. 了解变频器的使用方法。

二、实验原理

将电动机的三相电源引出线直接与三相电源连接的起动称为直接起动(也称全压起动),直接起动时,起动电流 $I_{st} = (4 \sim 7)I_N$,只有容量较小的电动机才能直接起动。

功率较大的笼型三相异步电动机,常采用降压起动的方法,以限制起动电流。如定子电路串联电阻,串联电抗;自耦降压起动;Y-△ 起动等。自耦降压起动时,若变压器变比为 K,则 $I'_{st} = \frac{1}{K^2}I_{st}$,即降压后的起动电流 I'_{st} 是全压起动时电流 I_{st} 的 $\frac{1}{K^2}$ 倍。Y-△ 起动时,只能用于 △ 形联结的电动机, 且 $I_{st(Y)} = \dfrac{1}{3} I_{st(\triangle)}$。

绕线式三相异步电动机常采用转子回路串联三相对称电阻的限流起动法。这样不仅可使起动电流减小, 还可使起动转矩增大, 以实现满载起动的目的。据最大转矩 T_{max} 与转子电阻无关而临界转差率 s_m 与转子电路电阻 R_2 成正比的关系, 串阻限流起动的基本原理如图 6 - 2 - 1 所示。需要说明的是, 并非 R_2 越大, T_{st} 就越大, 如图 6 - 2 - 1 所示。

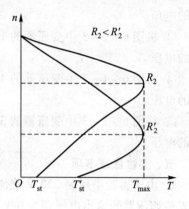

根据 $n = (1 - s) \dfrac{60 f_1}{p}$, 三相异步电动机的调速方法有变频 ($f_1$) 调速, 变极 ($p$) 调速与变转差率 ($s$) 调速三种基本方法。变频调速设备复杂, 投资较大; 变极调速常见于双速电机或多速电机, 不能平滑调速; 而变转差率调速最简便, 最常用的是绕线式三相异步电动机转子电路串三相对称电阻的调速方法。只要转子回路串联电阻的阻值可连续变化, 便可实现较平滑的调速性能。

图 6 - 2 - 1　串联电阻 T_{st} 增大的原理

三、实验仪器

THGE - 1 型高级电工电子实验台

三相绕线式异步电动机

三相可调负载电阻箱

转速表

四、实验内容

1. 三相异步电动机的起动

(1) 定子回路串联电阻起动

实验线路如图 6 - 2 - 2 所示, R_1 为三相可调负载电阻箱。测量在不同电阻值时的起动电流, 测量三组数据记录于表 6 - 2 - 1 中。

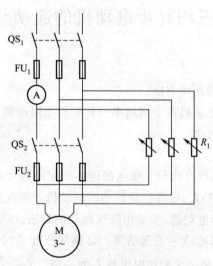

图 6 - 2 - 2　定子回路的串联电阻起动

表 6 – 2 – 1   实 验 数 据

起动条件		全压起动	串联电阻降压起动		自耦降压起动		Y – △ 起动
		△	$R_1 =$ __ Ω	$R'_1 =$ __ Ω	$U_2 =$ __ V	$U'_2 =$ __ V	Y
起动 电流 I_{st}/A	1						
	2						
	3						

（2）自耦降压起动

实验线路如图 6 – 2 – 3 所示。测量不同电压下的起动电流值,测量三组数据,记录于表 6 – 2 – 1 中。

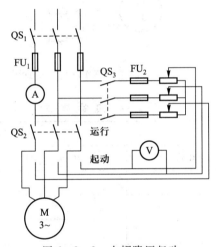

图 6 – 2 – 3   自耦降压起动

（3）Y – △起动

实验线路如图 6 – 2 – 4 所示（或用 Y – △ 转换器）。图中 AX、BY、CZ 为三相异步电动机的三相定子绕组。测量三组 Y 起动时的电流,记录于表 6 – 2 – 1 中。

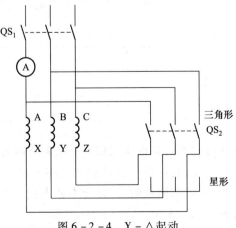

图 6 – 2 – 4   Y – △ 起动

（4）绕线式三相异步电动机转子回路串联三相对称电阻的起动

按图 6-2-5 所示电路接线，测量不同阻值时的三组起动电流数据。记录于表 6-2-2 中。

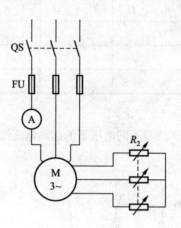

图 6-2-5　转子回路串联电阻示意图

表 6-2-2　实 验 数 据

起动条件		直接起动	转子回路串对称电阻	
		$R_2 = 0\ \Omega$	$R_2 = \underline{\quad}\ \Omega$	$R_2' = \underline{\quad}\ \Omega$
起动电流 I_{st}/A	1			
	2			
	3			

2. 三相异步电动机的调速

（1）变频率调速

将变频器的线接好，即其输入接三相电源，输出端接三相异步电动机，然后观察频率对转速的调节作用，将变频器上显示的每一频率值与转速的对应值记入表 6-2-3 中。

表 6-2-3　实 验 数 据

频率/Hz	10	20	30	40	50	60
转速/（r/min）						

（2）绕线式三相异步电动机转子回路串联三相对称电阻的调速

仍按图 6-2-5 所示电路接线，装好机械式转速表。将变阻器阻值 R_2 由零逐级增大，则电动机转速将逐级降低（注意改变电阻箱阻值时，一定要在断电情况下进行）。将所串联电阻的阻值与相应的稳定转速 n 填入表 6-2-4 中。

表 6 - 2 - 4 实 验 数 据

组别	1	2	3	4	5
R_2/Ω					
$n/(\text{r/min})$					

五、实验注意事项

1. 起动电流的测量时间很短,读数时应迅速、准确。

2. 实验时,起动次数不宜过多。遇异常情况,应迅速拉下电源开关。

六、思考题

1. 本实验中的起动皆为空载运动,若带载起动,则各项起动实验中的起动电流是否会增大? 为什么?

2. 仅从起动性能上考虑,哪种起动方式最好,若转子串联电阻调速后的电动机长期运行在低速情况下,会带来什么问题?

七、实验报告要求

1. 要求将各种起动方法与理论结论进行比较,验证其正确性。

2. 用坐标纸画出转子回路串联三相对称电阻调速的机械特性曲线。

6.3 三相异步电动机点动和自锁控制

一、实验目的

1. 了解按钮、继电器、接触器等控制电器的结构、工作原理和使用方法。

2. 了解控制系统中保护、自锁及互锁环节的作用。

3. 通过对三相异步电动机点动和自锁控制线路的实际安装接线,掌握由电气原理图变换成安装线路图的知识。

二、实验原理

1. 控制电器

(1) 控制按钮

控制按钮通常用以短时通、断小电流的控制回路,以实现近、远距离控制电动机等执行部件的起、停或正反转控制。按钮是专供人工操作使用的。对于复合按钮,其触点的动作规律是:当按下时,其动断触头先断,动合触头后合;当松手时,则动合触头先断,动断触头后合。

(2) 交流接触器

交流电动机继电 - 接触器控制电路的主要设备是交流接触器,其主要构造为:

① 电磁系统——铁心、吸引线圈和短路环。

② 触头系统——主触头和辅助触头,还可按吸引线圈得电前后触头的动作状态,分为动合、动断两类。

③ 消弧系统——在切断大电流的触头上装有灭弧罩,以迅速切断电源。

④ 接线端子,反作用弹簧。

（3）故障保护措施

① 采用熔断器进行短路保护,当电动机或电器发生短路时,及时熔断熔体,达到保护线路、保护电源的目的。熔体熔断时间与流过的电流关系称为熔断器的保护特性,这是选择熔体的主要依据。

② 采用热继电器实现过载保护,使电动机免受长期过载的危害。其主要的技术指标是额定电流值,即电流超过此值的 20% 时,其动断触头应能在一定时间内切断控制回路,动作后只能由人工复位。

2. 直接起动控制

（1）点动控制

用按钮、接触器组成的电动机点动控制电路如图 6-3-1 所示。合上电源开关 QS,按下 SB 按钮,接触器线圈 KM 通电,动合主触点 KM 闭合,电动机 M 通电运行。放开按钮,KM 释放,电动机断电停转。

（2）单向连续运转控制

单向连续运转控制电路如图 6-3-2 所示,SB_1 为起动按钮,SB_2 为停止按钮。合上电源开关 QS,按下 SB_1 按钮,接触器线圈 KM 通电,动合主触点 KM 闭合,电动机 M 通电运行。放开 SB_1,线圈仍通过辅助触点继续保持通电,电动机继续运行。按下 SB_2 按钮,线圈断电,电动机停转。

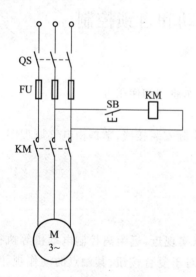

图 6-3-1　异步电动机的点动控制

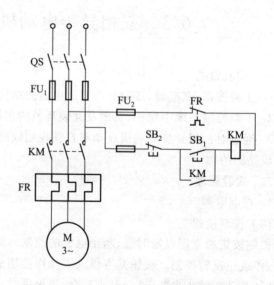

图 6-3-2　异步电动机的单向连续运转控制

三、实验仪器

THGE-1 型高级电工电子实验台

HE-51 继电接触控制箱（一）

DJ24 型三相笼型异步电动机

UT53 万用表

四、实验内容

1. 识别控制电路图

① 认识各电器的结构、图形符号、接线方法；抄录电动机及各电器铭牌数据；并用万用表检查各电器的线圈、触头是否完好。

② 了解交流接触器、热继电器、按钮等控制电器的结构及动作原理。对照图 6－3－1 做读图练习，注意各电器是未通电时的状态，在控制电路图中，同一电器的线圈和触点用同一文字符号表示，但同一电器的线圈和触点会分布在不同的支路中，起着不同的作用。

2. 直接控制

（1）点动控制

按图 6－3－1 所示点动控制线路接线（先主电路，后控制电路）。经指导教师检查无误后，方可进行通电操作。闭合电源开关 QS 作起动准备。按起动按钮 SB，对电动机 M 进行点动控制，观察电动机和接触器的运行情况。

（2）单向连续运转控制

按图 6－3－2 所示电路接线（先主电路，后控制电路）。经指导教师检查无误后，闭合电源开关 QS 作起动准备。按下 SB_1，观察起动情况；松开 SB_1，体会自锁作用；按下 SB_2，电动机停转。

五、实验注意事项

1. 三相电压较高，注意人身安全。

2. 接线时先接主电路，后接控制电路。经指导教师检查无误后，方可接通电源。

3. 在进行电机起、停实验时，切勿在短时间内频繁起、停，以避免接触器触头因频繁起动而烧坏。

六、思考题

1. 为什么热继电器不能用于短路保护？为什么在三相主电路中只用两个（当然三个也可以）热元件就可以保护电动机？

2. 从结构和功能上看，点动控制线路与自锁控制线路的主要区别是什么？

七、实验报告要求

1. 说明实验电路的工作原理，并对实验结果及观察到的现象进行分析。

2. 画出故障现象的原理图，并分析故障原因，说明排除的方法。

6.4 三相异步电动机正反转继电－接触器控制

一、实验目的

1. 通过对三相笼型异步电动机正反转控制线路的安装接线，掌握由电气原理图变换成实际安装线路图的知识。

2. 了解控制系统中保护、自锁及互锁环节的作用。

二、实验原理

三相异步电动机的转动方向取决于定子旋转磁场的转向，而旋转磁场的转向取决于三相电源的相序，因此，要使三相异步电动机反转，只要将电动机接三相电源线中的任意两根对调连接即可。若在电动机单向运转控制电路基础上再增加一个接触器及相应的控制线路就可实现正反转控制,如图 6 - 4 - 1 所示。为了避免两个接触器同时吸合工作,造成电源短路的严重事故,可采用以下方法:

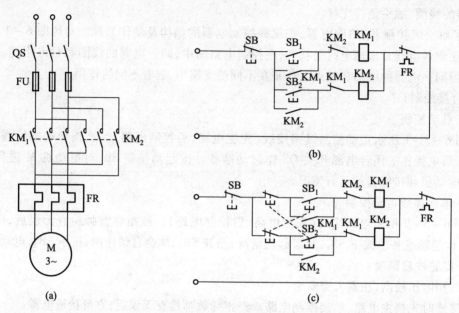

图 6 - 4 - 1　异步电动机的正反转控制

① 采用互锁控制如图 6 - 4 - 1(b)所示,即将两个接触器的动断辅助触点分别串联到另一个接触器的线圈支路上,达到两个接触器不能同时工作的控制作用。它的缺点是要反转时,必须先按停止按钮后,再按另一转向的起动按钮。

② 采用双重互锁控制如图 6 - 4 - 1(c)所示,即将两个起动按钮的动断触点分别串联到另一个接触器线圈的控制支路上。这样,若正转时要反转,直接按反转起动按钮 SB$_2$,其动断触点断开,使正转接触器 KM$_1$线圈断电,主触点断开。接着串联于反转接触器线圈支路中的动断触点 KM$_1$恢复闭合,反转接触器 KM$_2$线圈通电自锁,电动机就反转。

三、实验仪器

THGE - 1 型高级电工电子实验台

HE - 51 继电接触控制箱(一)

HE - 52 继电接触控制箱(二)

DJ24 型三相笼型异步电动机

四、实验内容

1. 互锁控制的正反转控制

按图 6 - 4 - 1(a)、(b)接线(先主电路,后控制电路)。经指导教师检查无误后,方可接通电源开关 QS。

① 按正转按钮 SB$_1$,观察并记录电动机转向和接触器的运行情况。

② 按反转按钮 SB$_2$,观察并记录电动机转向和接触器的运行情况。

③ 按停转按钮 SB,观察并记录电动机转向和接触器的运行情况。

④ 按反转按钮 SB$_2$,观察并记录电动机转向和接触器的运行情况。

⑤ 按停转按钮 SB,使电动机停转。

填写表 6-4-1,说明异步电动机正反转控制电路各元件的状态。用 **1** 表示线圈通电或触头、按钮在闭合状态,用 **0** 表示线圈不通电或触头、按钮在断开状态。

表 6-4-1　异步电动机正反转控制电路各元件状态表

元件\状态	SB	SB$_1$	SB$_2$	KM$_1$			KM$_2$		
停转									
正转									
反转									

2. 失压、欠压保护

① 按正转按钮 SB$_1$ 或反转按钮 SB$_2$ 电动机起动后,按下实验台上的停止按钮,断开实验线路三相电源,模拟电动机失压(或零压)状态,观察电动机与接触器的动作情况。随后,再按实验台上的起动按钮,接通三相电源,但不按 SB$_1$ 或 SB$_2$,观察电动机能否自行起动?

② 重新起动电动机后,逐渐减小三相自耦调压器的输出电压,直至接触器释放,观察电动机能否自行停转。

五、实验注意事项

1. 三相电压较高,注意人身安全。

2. 接线时先接主电路,后接控制电路。经指导教师检查无误后,方可接通电源。

3. 在进行电机起、停实验时,切勿在短时间内频繁起、停,以避免接触器触头因频繁起动而烧坏。

六、思考题

1. 在正反转控制电路中,短路、过载、失压、欠压保护等功能是如何实现的? 在实际应用中这几种保护有何意义?

2. 正反转控制电路中,已经采用了两个接触器之间的互相联锁,为什么还要采用互锁按钮进行互相联锁?

七、实验报告要求

1. 说明实验电路的工作原理,并对实验结果及观察的现象进行分析。

2. 画出故障现象的原理图,并分析故障原因,说明排除的方法。

6.5　三相异步电动机的时间控制和顺序控制设计

一、实验目的

1. 了解时间继电器的结构、工作原理及其在控制电路中的作用。

2. 学习设计简单控制电路及排除故障的方法。

二、实验内容

1. 设计延时起动控制电路

设计一台电动机和一盏白炽灯顺序延时动作的控制电路,要求按下起动按钮白炽灯亮;灯亮大约 5 s 后,电动机自行起动;电动机和灯同时关断。要求具有短路保护、过载保护、失压和欠压保护。

2. 设计顺序控制电路

设计一台电动机和一盏白炽灯的顺序工作控制电路,要求按下起动按钮白炽灯亮,电动机才能起动;电动机停止运行,白炽灯才能灭。要求具有短路保护、过载保护、失压和欠压保护。

三、实验仪器

自选实验仪器,并列出实验仪器清单。

四、实验报告要求

1. 写出整个设计全过程,画出原理图。

2. 写出调试步骤及实验过程中解决的问题。

3. 总结继电 – 接触器控制线路的接线技巧。

6.6　行程控制工作台电路设计

一、实验目的

1. 了解行程开关的结构、工作原理及其在控制电路中的作用。

2. 通过设计,进一步掌握行程控制电路。

二、实验内容

① 工作过程:按下起动按钮后能顺序完成下列动作:

i. 运动部件 A 从 1 位置到 2 位置;ii. 接着 B 从 3 位置到 4 位置;iii. 接着 A 从 2 位置回到 1 位置;iv. 接着 B 从 4 位置回到 3 位置(提示:用 4 个行程开关,装在原点和终点,每个行程有一个常开触点和一个常闭触点)。

② 设计主电路及控制电路。

③ 计算电路各项参数。

④ 选择各元器件的规格、型号。

三、实验仪器

自选实验仪器,并列出实验仪器清单。

四、实验报告要求

1. 写出整个设计全过程,画出原理图。

2. 写出调试步骤及实验过程中解决的问题。

3. 介绍设计方案的优点,提出改进意见,总结本次设计的收获。

6.7　PLC 控制三相异步电动机正反转

一、实验目的

1. 熟悉 PLC 实验装置,练习并掌握编程软件的使用。
2. 利用基本顺序指令编写电机正反转控制程序。
3. 学会对可编程控制器 I/O 地址的分配及运用,掌握 I/O 端子的接线方法。

二、实验原理

要实现三相异步电动机的正反转控制,只要把三相线当中的任意两相调换一下位置就可以了。如图 6-7-1 所示:假如接触器 KM_1 闭合时电动机正转,则当接触器 KM_1 断开,接触器 KM_2 闭合时,电动机就会反转。

在电动机进行正反向的转接时,有可能因为电动机容量较大或操作不当等原因使接触器主触头产生较为严重的起弧现象,如果在电弧还未完全熄灭时,反转的接触器就闭合,则会造成电源相间短路。用 PLC 来控制电动机起停则可避免这一问题。

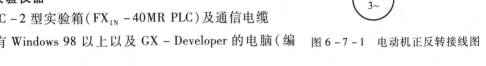

图 6-7-1　电动机正反转接线图

三、实验仪器

THPLC-2 型实验箱(FX_{1N}-40MR PLC)及通信电缆

安装有 Windows 98 以上以及 GX-Developer 的电脑(编程器)

四、实验内容

1. 用 PLC 实现对三相异步电动机正反转的控制

按下正转按钮后,电动机正转起动;按下停止按钮,电动机停转。按下反转按钮后,电动机反转起动;按下停止,电动机停转。要求正反转互锁。

本实验采用 PLC 软件模拟电动机的正反转过程,有兴趣的同学可以自己用接触器和电动机的实物进行相连构成电动机正反转电路,进行电动机正反转的实际操作。

2. I/O 地址分配

在电动机正反转控制系统中有三个输入控制信号,两个输出控制信号,输入、输出地址分配见表 6-7-1。

表 6-7-1　电动机正反转控制 I/O 地址分配

编号	功能说明	输入/输出端口
1	正转起动	I:X000
2	反转起动	I:X001
3	停止	I:X002
4	正转(KM_1)	O:Y000
5	反转(KM_2)	O:Y001

3. 梯形图程序的编写与输入

异步电动机的正反转控制梯形图如图 6-7-2 所示。

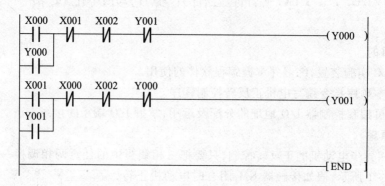

图 6-7-2　异步电动机的正反转控制梯形图

4. 程序下载及调试

下载程序(操作方法参见教材附录 GX-Developer 7.0 编程软件、GX-Simulator 6 仿真软件),并进行模拟调试,监控调试过程,观察指令的执行情况。

五、思考题

1. 如何才能实现电动机在正向(反向)转动停止后(或一定时间后),反转(正转)才能起动?

2. 如何实现电动机 Y-△ 起动?

六、实验报告要求

根据实验观察结果,总结实验中应注意的问题,写出实验的心得体会。

6.8　PLC 控制十字路口交通灯

一、实验目的

1. 进一步熟悉 PLC 实验装置及编程软件的运用。

2. 熟练使用各基本指令,根据控制要求,掌握 PLC 的编程方法和程序调试方法。

3. 对采用可编程控制器解决一个实际控制问题的全过程有初步了解。

二、实验原理

交通信号灯在城市交通中起着重要的作用。对于一个简单的交通信号灯来说,有东西方向的红黄绿三色灯和南北方向的红黄绿三色灯。它们的亮灭顺序如下:当东西方向的绿灯和黄灯亮时,南北方向的红灯亮;反之依然,当南北方向的绿灯和黄灯亮时,东西方向的红灯亮。就某一方向的三色灯来说,绿灯亮一段时间,时间到,闪烁 3 s 后绿灯灭,黄灯亮,2 s 后黄灯灭,红灯亮,过一段时间后红灯灭,绿灯又亮。如此循环,实现交通灯的控制。

三、实验仪器

THPLC-2 型实验箱(FX$_{1N}$-40MR PLC)及通信电缆

安装有 Windows 98 以上以及 GX-Developer 的电脑(编程器)

交通信号灯实验模块

四、实验内容

1. 用 PLC 实现对十字路口交通灯的控制

当控制开关 SD 合上后,东西向绿灯亮(南北向红灯亮 25 s),1 s 后,模拟东西向行驶车的灯亮,20 s 后,绿灯以占空比为 50% 的 1 s 周期(0.5 s 脉冲宽度)闪烁 3 次,东西向绿灯灭,东西向黄灯亮 2 s,黄灯亮的同时模拟东西向行驶车的灯灭,黄灯 2 s 后灭,南北向绿灯亮(东西向红灯亮 30 s),1 s 后,模拟南北向行驶车的灯亮,25 s 后,绿灯以占空比为 50% 的 1 s 周期(0.5 s 脉冲宽度)闪烁 3 次,南北向绿灯灭,南北向黄灯亮 2 s,黄灯亮的同时模拟南北向行驶车的灯灭,黄灯 2 s 后灭,东西向绿灯亮,南北向红灯亮,如此循环工作。控制开关 SD 断开后,所有交通灯都灭。实验作为综合性设计实验,可观察某十字路口的交通灯运行状态,并根据动作要求设计 I/O 接口,在实验箱的十字路口交通灯控制实验区完成本实验。

2. I/O 地址分配

在电动机正反转控制系统中有一个输入控制信号,八个输出控制信号,交通灯的控制 I/O 地址分配如表 6-8-1 所示。

表 6-8-1 交通灯的控制 I/O 地址分配

编号	功能说明	输入/输出端口
1	起动	I:X000
2	南北向绿灯	O:Y000
3	南北向黄灯	O:Y001
4	南北向红灯	O:Y002
5	东西向绿灯	O:Y003
6	东西向黄灯	O:Y004
7	东西向红灯	O:Y005
8	模拟东西向车灯	O:Y006
9	模拟南北向车灯	O:Y007

3. 梯形图程序的编写与输入

交通灯参考程序如图 6-8-1 所示,编写并在 GX-Developer 软件中输入梯形图程序。

4. 程序下载及调试

下载程序(操作方法参见教材附录 GX-Developer 7.0 编程软件、GX-Simulator 6 仿真软件),将实验箱上的起动开关、模拟信号灯(东西向的"绿、黄、红"及南北向的"绿、黄、红")与 PLC 的 I/O 端子连接。电气原理图如图 6-8-2 所示。进行调试,监控调试过程,观察指令的执行情况。

五、实验注意事项

在接线时要关闭实验箱电源,注意 COM 端的连接。

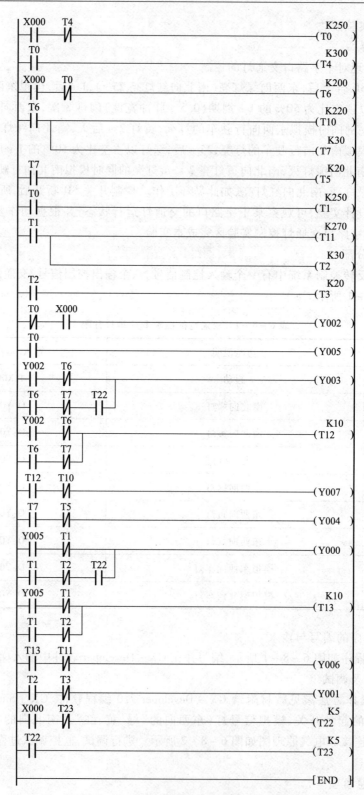

图6-8-1　十字路口交通灯控制梯形图

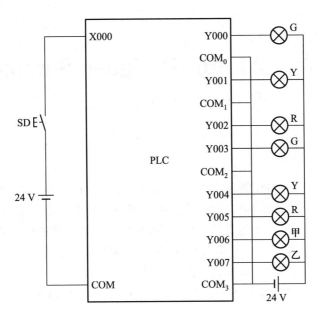

图 6 - 8 - 2 十字路口交通灯控制 PLC 电气原理图

六、思考题

1．如何实现增设晚间东、南、西、北黄灯同时闪亮,其他灯关闭的控制功能?

2．如何实现每个方向增设左转弯指示灯?

3．在交通信号灯自动控制的基础上加两个手动开关 S1 和 S2,无论交通信号灯的运行到什么状态,一旦 S1 闭合,南北绿灯亮,东西红灯亮。S1 断开、S2 闭合时,南北红灯亮,东西绿灯亮。试编写程序并调试。

七、实验报告要求

1．认真书写实验目的、实验设备、实验原理、实验程序、实验内容、实验步骤以及实验中的观察结果,总结实验中应注意的问题,写出实验心得体会。

2．画出交通灯时序图。

第 7 章　Altium Designer Summer 09 原理图与 PCB 设计

Altium Designer Summer 09(简称"ADS09")是 Altium 公司 2009 年发布的一款电子设计自动化软件,Altium 的一体化设计结构将硬件、软件和可编程器件集合在一个单一的环境中,在单一设计环境中集成板级和 FPGA 系统设计、基于 FPGA 和分立处理器的嵌入式软件开发以及 PCB 版图设计、编辑和制造。它通过把电路图设计、现场可编程门阵列(FPGA)应用程序设计、信号仿真分析、PCB 绘制编辑、拓扑自动布线、信号完整性分析等技术进行融合,为用户提供全线的设计解决方案,使用户可以轻松进行各种复杂的电子电路设计。在这里只简单介绍原理图(Sch)绘制及印制电路板(PCB)设计。

7.1　Altium Designer Summer 09 设计环境

用户启动 ADS09 后,系统将进入管理器设计环境,如图 7 – 1 – 1 所示,ADS09 系统为用户提供丰富的工作面板。面板在 ADS09 中被大量地使用,用户可以通过面板方便地实现打开、访问、浏览和编辑文件等各种功能。面板并不是一成不变的,而是会随着不同的设计工作而改变相应的显示内容。

软件初次启动后,一些面板已经打开,比如 File、Project 和 Navigator 面板以面板组合的形式出现在窗口的左边,Favorites、Clipboard 和 Libraries 面板以按钮弹出方式出现在窗口的右侧边缘

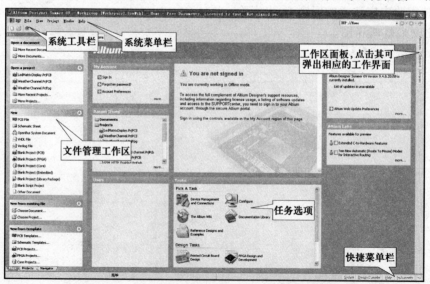

图 7 – 1 – 1　Altium Designer Summer 09 管理环境界面

处。另外在窗口的右下端有 System、Design Complier、Help、Instruments 四个弹出菜单,可以从弹出菜单中选择访问各种面板。除了直接在应用窗口上选择相应的面板,也可以通过主菜单 View→Workspace Panels 选择相应的面板。

面板显示模式有三种,分别是 Docked Mode(停靠模式)、Pop – out Mode(弹出模式)、Floating Mode(浮动模式)。Docked Mode 指的是面板以纵向或横向的方式停靠在设计窗口的一侧,如图 7 – 1 – 1左侧窗口。Pop – out Mode 指的是面板以弹出隐藏的方式出现于设计窗口,当鼠标点击位于设计窗口边缘的按钮时,隐藏的面板弹出;当鼠标光标移开后,弹出的面板窗口又隐藏回去,如图 7 – 1 – 1 右侧窗口。这两种不同的面板显示模式可以通过面板上的按钮(🔲和🔲)互相切换。Floating Mode 指的是面板以活动窗口显示在主窗口内。

ADS09 系统引入了设计项目(Project)的概念,项目是每项电子产品设计的基础,项目将设计元素链接起来,在一个项目文件中包括设计中生成的一切文件,比如原理图、PCB、网表和欲预保留在项目中的所有库或模型。一个项目文件类似 Windows 系统中的"文件夹",在项目文件中可以执行对文件的各种操作,如新建、打开、关闭、复制与删除等。ADS09 允许您通过 Projects 面板访问与项目相关的所有文档。工作空间(Workspace)比项目高一层次,可在通用的工作空间中链接相关项目,轻松访问目前正在开发的某种产品相关的所有文档。但需注意的是,项目文件只是起到管理的作用,在保存文件时,项目中的各个文件是以单个文件的形式保存的。在将如原理图图纸之类的文档添加到项目时,项目文件中将会加入每个文档的链接。这些文档可以存储在网络的任何位置,无须与项目文件放置于同一文件夹。若这些文档的确存在于项目文件所在目录或子目录之外,则在 Projects 面板中,这些文档图标上会显示小箭头标记。

ADS09 系统中的项目共有 6 种类型:PCB 项目(PCB Project)、FPGA 项目(FPGA Project)、内核项目(Core Project)、集成库项目(Integrated Project)、嵌入式项目(Embedded Project)和脚本项目(Script Project)。

在电子电路设计过程中,一般先建立一个项目。该项目定义了项目中各个文件之间的关系。在菜单中选择 File→New→Project,可以看到项目类型选单,如图 7 – 1 – 2 所示。以印制电路板

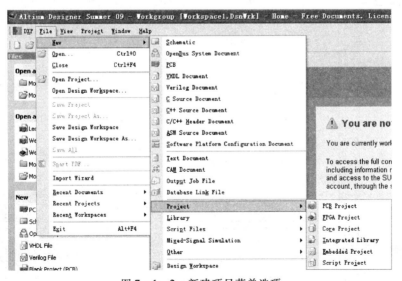

图 7 – 1 – 2　新建项目菜单选项

为例,单击子菜单 PCB Project,即可创建新项目,此时 Projects 面板出现,创建后的新项目结构如图 7-1-3 所示。此时可以选择执行 File 菜单中的对应选项,实现项目文件的保存、向项目中添加新的文件对象等操作。在创建文件时,除了可以创建项目文件外,用户也可以直接创建设计对象文件,例如直接创建 PCB 文件,此时文件就不是以项目来表示,而是一个单独的设计对象文件,不同的文件类型,其存盘文件的后缀是不同的。通过选择 File→Save Project 菜单将新项目保存,默认文件名为 PCB_Project1.PrjPCB。

图 7-1-3   新建立项目

7.2   电路原理图绘制

当建立了新的项目文档后,就可以执行菜单 File→New→Schematic 菜单,或从文件管理窗口中选择 New→Schematic sheet 命令,在项目文档中建立一个如图 7-2-1 所示的原理图文件,其默认文件名为 Sheet1.SchDoc,然后可以通过菜单 File→Save 选项将新原理图文件重命名并保存。当建立了新的空白图纸后,工作区将发生变化。

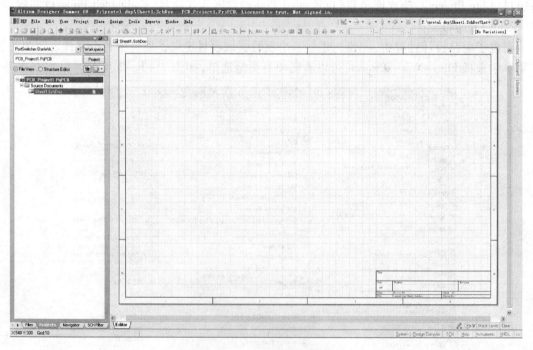

图 7-2-1   新建的原理图文件

电路原理图绘制是 ADS09 的功能模块之一。原理图是电路设计的开始,是一个用户设计目标原理的实现。电路原理图主要由电子元器件和线路组成,图 7－2－2 所示为红外线遥控接收电路原理图。下面以该电路图的绘制为例来说明电路原理图的绘制方法。

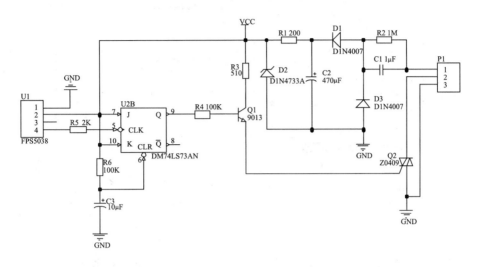

图 7－2－2 红外线遥控接收电路原理图

一般设计一个原理图的工作包括:设置图纸参数、在图纸上放置元件、进行连线、对各元件及连线进行调整。

一、图纸参数设置

原理图绘制的环境,就是原理图编辑器以及它提供的设计界面。若要更好地利用强大的电子线路辅助设计软件 ADS09 进行电路原理图设计,首先要根据设计的需要对软件的设计参数进行正确的配置。ADS09 原理图编辑的操作界面,顶部为主菜单和主工具栏,左部为工作区面板,右边大部分区域为编辑区,底部为状态栏及命令栏,还有电路绘图工具栏、常用工具栏等。除主菜单外,上述各部件均可根据需要打开或关闭。工作区面板与编辑区之间的界线可根据需要左右拖动。几个常用工具栏除可将它们分别置于屏幕的上下左右任意一个边上外,还可以以活动窗口的形式出现。

1. 图纸选项卡

绘制原理图前,必须根据实际电路的复杂程度来设置图纸大小,用户可以设置图纸的大小、方向、标题栏等。图纸设置通过选择 Design→Document Options 菜单,系统将弹出文档选项(Document Options)对话框,在其中选择图纸选项(Sheet Options)选项卡进行设置,如图 7－2－3所示。用户可以根据实际需要,对图纸大小等相关参数进行设置。在电路原理图绘制过程中,对图纸的设置是原理图设计的第一步。虽然在进入原理图设计环境时,ADS09 系统会自动给出默认的图纸相关参数。但是对于大多数电路图的设计,这些默认的参数不一定适合设计者的要求。

Template(模板区域):用于设定文档模板,在该区域的 File Name 编辑框内输入模板文件的路径即可。

Options(选项区域):在该区域内对图纸相关参数进行设置。

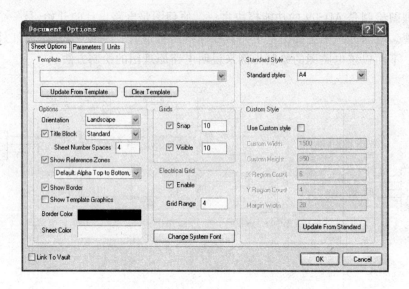

图 7 - 2 - 3　"文档选项 - 图纸"选项卡

Orientation(方向):将图纸设置为横向(Landscape)或纵向(Portrait)格式。

Title(标题栏):在选中后,标题栏附加到工作表。在 ADS09 中提供了两种标题栏,分别是标准格式(Standard)和美国国家标准协会支持的格式(ANSI),标题栏的格式设置使用此选项旁边的下拉列表。注意:此选项通常是在没有使用模板的时候使用。

Show Reference Zones(显示参考区域):所谓显示参考区域是指为方便描述一个对象在原理图文档中所处的位置,在图纸的四个边上分配参考栅格,用不同的字母或数字来表示这些栅格,用字母和数字的组合来代表由对应的垂直和水平栅格所确定的图纸中的区域。

Show Border(显示边框):设置图纸边框线的显示。选中该复选项后,图纸中将显示边框线。若未选中该项,将不会显示边框线,同时参考栅格也将无法显示。

Show Template Graphics(显示模板图形):设置模板图形的显示。选中该复选项后,将显示模板图形;若未选中,则不会显示模板图形。

Border Color(边框颜色):设置边框颜色。

Sheet Color(页面颜色):设置绘图区背景颜色。

Standard Style(标准类型区域):允许选择标准规格图纸,ADS09 提供了 18 种规格的图纸。

Custom Style(自定义类型区域):允许自定义图纸的尺寸和边框。

Change System Font(更改系统字体):用于设置系统字体类型、大小及颜色。

Grids(栅格部分):设置图纸绘制过程中的参考坐标网格。

Snap(捕获栅格):表示绘图时位置捕获的栅格,设定鼠标拖动最小可移动距离。

Visible(可见栅格):表示图纸上可视的栅格。显示在图纸上的格点间的距离。

Electrical Grid(电气栅格部分):用来设置在绘制图纸上的连线时捕获电气节点的半径。该选项的设置值决定系统在绘制导线时,以鼠标当前坐标位置为中心,以设定值为半径向周围搜索电气节点,然后自动将光标移动到搜索到的节点表示电气连接有效。

2. 参数选项卡

图纸的设计信息记录了电路原理图的设计信息和更新记录。ADS09 的这项功能使原理图的设计者可以更方便、有效地对图纸的设计进行管理。在图 7 – 2 – 3 所示的 Document Options 对话框中用鼠标单击 Parameters(参数)标签,如图 7 – 2 – 4 所示。在图 7 – 2 – 4 所示对话框中可以设置的选项很多,其中常用的有以下几个:

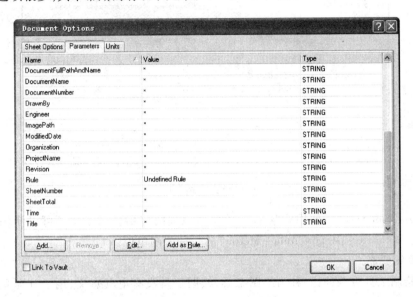

图 7 – 2 – 4 "文档选项 – 参数"选项卡

Address:公司以及个人的地址信息。

Author:设计者的名字。

Approved By:审核者的名字。

Checked By:校对者的名字。

Company Name:设计公司的名字。

Current Date:系统日期。

Current Time:系统时间。

Document Name:档案的名称。

Sheet Number:原理图页面数。

Sheet Total:整个项目拥有的图纸数目。

Title:原理图的名称。

3. 单位选项卡

单位选项卡允许您定义用于原理图编辑器中的各个单位。栅格将使用这些单位的倍数。在图 7 – 2 – 3 所示的 Document Options 对话框中用鼠标单击 Units(单位)标签,如图 7 – 2 – 5 所示。

Use Imperial Unit System(使用英制单位系统):原理图使用英制单位。可以使用下拉列表中(Dxp Defaults、Mils、Inches、Auto – Imperial)的一种英制单位。

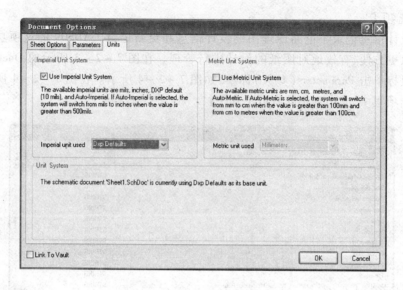

图 7 - 2 - 5　"文档选项 - 单位"选项卡

Use Metric Unit System(使用公制单位系统):原理图使用公制单位。可以使用下拉列表中(Millimeters、Centimeters、Meters、Auto - Metric)的一种公制单位。

二、原理图绘制

原理图绘制工具有两种,一种为绘图工具,绘图工具没有电气意义,用于在原理图中绘制示意性的图形、标注、边框等。另一种为电气连接工具,原理图设计对象定义捕获的实际电路。电气对象包含零件跟连接要素,例如导线、总线、连接端口,原理图中这些对象用来产生网络表,网络表在不同的设计工具中能够传递电路和连接信息。通过 Place 菜单进行绘图工具或电气连接工具的选择,如图 7 - 2 - 6 所示。

绘制原理图首先要进行元件放置。在放置元件时,必须先加载其所在的元件库。ADS09 系统默认加载的元件库有两个:常用分立元件库(Miscellaneous Devices. IntLib)和常用接插件库(Miscellaneous Connectors. IntLib)。一般常用的分立元件原理图符号和常用接插件符号都可以在这两个元件库中找到。通过执行 Design→Add/Remove library 菜单,或在 Libraries 面板中单击 Libraries… 按钮,弹出如图 7 - 2 - 7 所示对话框,可对元件库进行添加或移除操作。在原理图中放置元件常用的有两种方法。

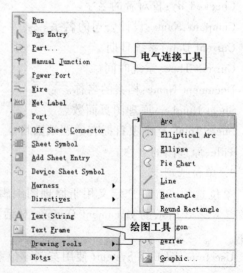

1. 通过 Libraries 面板放置元件

单击窗口右侧面板中的 Libraries 标签,或在软件右下角单击快捷菜单 System→Libraries,打开如图 7 - 2 - 8 所示 Libraries 面板,在元件

图 7 - 2 - 6　原理图绘制工具菜单

库栏的下拉列表中选择要使用的元件库（如放置分立元件选择 Miscellaneous Devices. IntLib 库），然后在元件列表框中使用滚动条找到要使用的元件，确定其封装形式，当该元件有多个 PCB 封装时选择要使用的封装。选中待添加的元件，单击 Place XXX 按钮，此时屏幕上将会出现一个可随鼠标指针移动的元件符号，将其移到适当的位置，然后单击鼠标左键便可在图纸上放置相应的元件。

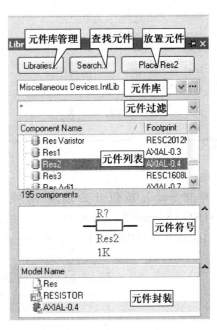

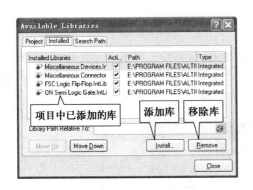

图 7 - 2 - 7　Install/Remove libraries 对话框 Available　　　图 7 - 2 - 8　"Libraries"面板

2. 通过菜单 Place→Part 放置元件

单击菜单 Place→Part 弹出一个元件放置对话框，如图 7 - 2 - 9 所示。在 Physical Component 栏选择元件，也可以点击...按钮在元件库内查找要放置的元件，之后再单击 OK 按钮，此时屏幕上将会出现一个可随鼠标指针移动的元件符号，将其移到适当的位置，然后单击鼠标左键便可在图纸上放置相应的元件。

在元件没有放置前，可按键盘上的 Space 键，控制元件旋转；按 X、Y 键控制元件水平或垂直翻转；按 Tab 键弹出修改元件属性对话框。鼠标左键单击放置元件，右键单击结束元件放置。

如果要使用的元件不知道在哪个库中，如元件 74LS73，这时可以使用搜索功能来完成元件查找。执行菜单 Tools→Find Component 或者单击 Libraries 面板中的 Search 按钮，将弹出元器件库查找对话框，如图 7 - 2 - 10 所示。

在 Filters 栏内设置查找条件。Field 栏选择 Name，Operator 栏选择 contains（包含），Value 栏输入"74LS73"。

Scope 栏为查找范围。Search in 栏选择 Comments，选择 Libraries on Path 选项。

Path 栏为查找路径。在 Path 栏内选择元件库所在目录，选定 Include Subdirectories 选项。

图 7 - 2 - 9 Place Part 对话框   图 7 - 2 - 10 元器件库查找对话框

单击 Search 按钮开始搜索,查找结果会显示在 Libraries 面板中,在查找结果中选择 SN74LS73AN(Part B),点击 Place ... 按钮将弹出确认对话框,提示"是否加载 TI Logic Flip - Flop. IntLib 库",如图 7 - 2 - 11 所示。点击"Yes"按钮即可放置所选元件。

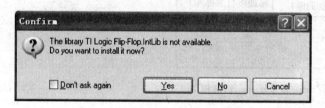

图 7 - 2 - 11 加载库确认对话框

在完成了对 74LS73 元件的查找后,根据以上方法依次找到红外线接收电路原理图中的其他元件,电路中元件参数见表 7 - 2 - 1 所示。元件放置完成后如图 7 - 2 - 12 所示。

表 7 - 2 - 1 原理图元件列表

元件	编号	封装	元件库	数量
Cap Pol1	C1	CAPPR2 - 5x6. 8	Miscellaneous Devices. IntLib	1
Cap Pol1	C2	CAPPR5 - 5x5	Miscellaneous Devices. IntLib	1
Cap	C3	RAD - 0. 4	Miscellaneous Devices. IntLib	1
1N4733A	D1	59 - 03	Motorola Discrete Diode. IntLib	1
1N4007	D2, D3	DIO10. 46 - 5. 3x2. 8	Miscellaneous Devices. IntLib	2
Header 3	P1	HDR1X3	Miscellaneous Connectors. IntLib	1

续表

元件	编号	封装	元件库	数量
9013	Q1	BCY – W3	Miscellaneous Devices. IntLib	1
Z0409	Q2	SFM – T3/A2.4V	Miscellaneous Devices. IntLib	1
Res2	R1, R2, R3, R4, R5, R6	AXIAL – 0.4	Miscellaneous Devices. IntLib	6
FPS5038	U1	MHDR1X4	Miscellaneous Connectors. IntLib	1
SN74LS73AN	U2	N014	TI Logic Flip – Flop. IntLib	1

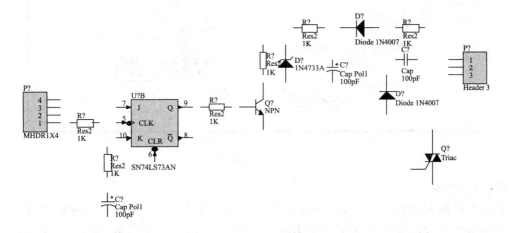

图 7 – 2 – 12　元件放置完成后的图形

三、编辑元件属性

ADS09 中所有的元件对象都具有自身的特定属性,在设计绘制原理图时常常需要设置元件的属性。在真正将元件对象放置在图纸之前,此时元件符号可随鼠标移动,如果按下 Tab 键就可以打开如图 7 – 2 – 13 所示的元件属性对话框,可在此对话框中编辑元件属性。如果已经将元件放置在图纸上,则要更改元件属性,可执行菜单 Edit→Change,将鼠标指针指向该对象,然后单击鼠标左键,即可打开元件属性对话框。另外也可直接在元件上用鼠标左键双击该元件,也可弹出元件属性对话框。然后就可以进行元件属性编辑操作。

在元件属性对话框中,共有 Properties、Library Link、Sub – Design Links、Graphical、Parameters、Models 六个部分。一般情况下,对元件属性设置只需要设置元件编号(Designator)、元件值(Value)和元件封装(Footprint)参数,其他参数采用默认设置即可。元件封装是指将实际元件焊接到电路板时所指示的外观和焊点位置,纯粹的元件封装仅仅是空间的概念,因此不同的元件可以共用同一个元件封装;另一方面,同种元件也可以有不同的封装,如 R2 代表电阻,它的封装形式有 AXIAL – 0.3、AXIAL – 0.4、AXIAL – 0.6 等,所以在放置元件时,不仅要知道元件的名称,还要知道元件的封装。设计电路图时,可以在元件属性对话框中的 Footprint 设置项内指定,也可以在引进网络表时指定元件封装(在本例中元件封装见表 7 – 2 – 1)。

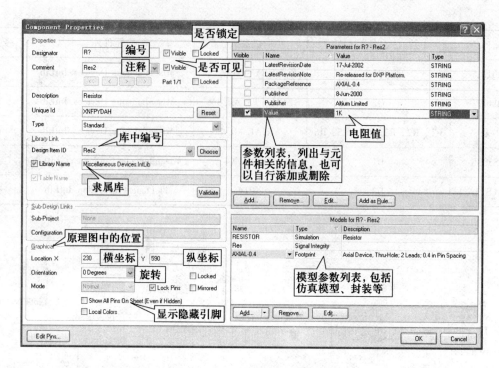

图 7 - 2 - 13　元件属性对话框

四、连接线路

当所有电路元件放置完毕后,就可以进行原理图中各元件间的连线,连线的最主要目的是按照电路设计的要求建立网络的实际连通性,要进行连线操作时,执行 Place→Wire 菜单将编辑状态切换到连线模式,或单击电路绘制工具栏上的 按钮,此时鼠标由空心箭头变为十字形。此时将鼠标指针指向连接线的起点,根据电气栅格,当光标捕捉到一个具有电气意义的连接点时,灰色小斜十字会变大变红,单击鼠标左键,就会出现一个可以随鼠标指针移动的细线,在连接线的每一拐点单击鼠标左键就可以定位一次转弯。默认情况下导线只会 90 度拐弯,此时按 Space 键可更改走线方向(先水平或先垂直);Shift + Space 键可更改拐弯角度(90 度、45 度、任意角度);按 Tab 键可弹出更改导线属性对话框。当拖动细线到其他元件的引脚上并单击鼠标左键,就可以连接到该元件的引脚上。若想结束连线模式,可单击鼠标右键或按下 Esc 键。

对于特殊电气连接的放置:

① 放置电源或接地:执行 Place→Power Port 菜单,或单击电路绘制工具栏上的 或 按钮,光标处出现一个电源部件,单击原理图中合适位置就可完成电源或接地的放置。

② 放置电气连接点:执行 Place→Manual Junction 菜单,光标处出现一个节点部件,单击原理图中需要放置电气交叉点处即可。

③ 放置无电气连接标志:执行 Place→Directives →No ERC 菜单,或单击电路绘制工具栏上的 按钮,光标处出现一个 No ERC 部件,单击原理图中不需要连线的元件引脚处即可。连接完成的电路如图 7 - 2 - 14 所示。

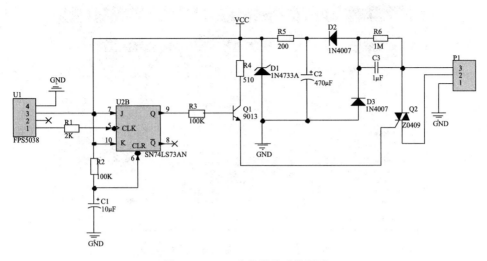

图 7 - 2 - 14　连接线路后的图形

五、元件自动编号

在电路原理图中,为了便于设计者对图纸中元器件的管理、查找和区分,一般需要对图纸上的元器件进行编号。如对元件编号没有特殊要求时,可通过自动元件编号工具,对图纸中的所有元件自动编号。执行 Tools→Annotate Schematics 菜单,弹出如图 7 - 2 - 15 所示注释对话框。

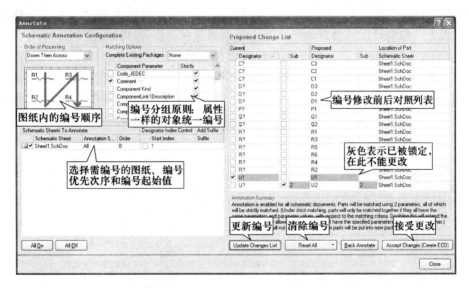

图 7 - 2 - 15　注释对话框

根据需要设置自动编号参数,单击 Update Changes List 按钮,系统弹出更新信息提示框,点击 OK 按钮确认。此时图 7 - 2 - 15 中的编号修改前后对照列表(Proposed Change List)中就会给出系统对编号做出修改的建议值。单击 Accept Changes 按钮,系统会弹出工程修改命令(Engineering Change Order)对话框,如图 7 - 2 - 16 所示。

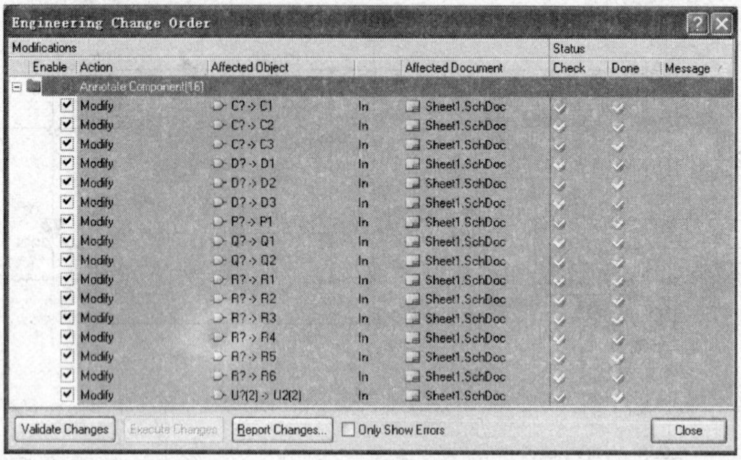

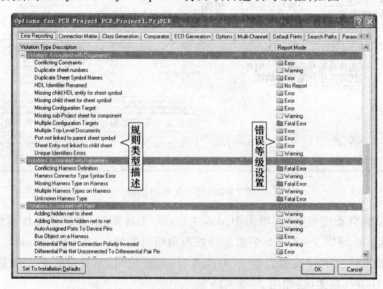

图 7 - 2 - 16　工程修改命令对话框

在图 7 - 2 - 16 所示对话框中给出了修改信息的详细说明,若同意系统修改建议,点击 Exe-cute Change(执行修改)按钮,在对话框中会显示修改结果。最后点击 Close(关闭)按钮,完成元件自动编号。

六、原理图编译

在 ADS09 中原理图不仅仅是简单的图,它包括了电路的电气连接信息。用户可以根据这些连接信息来校正自己的设计。在原理图全部绘制完毕后,可以对所绘制的原理图进行编译,当编译工程时,系统将根据用户所设置的规则来检查逻辑性、电气性和画图错误,编译的结果会显示在 Messages 的面板上。如有错误将会自动弹出 Messages 消息对话框,可以通过双击错误信息跳转到原理图中相应的错误或警告上。Messages 面板只会在有错误的时候自动打开,如果该面板没有显示出来,可以单击工作区的 System 按钮打开该面板。在项目被编译之前,首先要对检验规则进行配置,通过执行菜单 Project→Project Options 打开项目选项对话框,如图 7 - 2 - 17 所示。

图 7 - 2 - 17　项目选项对话框 - 错误报告

① 错误报告（Error Reporting）选项卡：用于设置电路原理图中各种电气的连接错误指示的等级，当对文件进行编译时，系统将根据此选项卡中的设置进行电气法则的检查。错误等级有 No Report（不显示错误）、Warning（警告）、Error（错误）、Fatal Error（严重错误）四种，如图 7 - 2 - 17 所示。选中要修改的错误等级，通过右侧下拉列表中选择其中的一种。

② 连接矩阵（Connection Matrix）选项卡：用于设置与违反电气连接特性有关的报告错误等级，在对原理图进行编译时，错误信息将在原理图中显示出来，如图 7 - 2 - 18 显示。错误等级有 No Report（不显示错误）、Warning（警告）、Error（错误）、Fatal Error（严重错误）四种，用四种颜色表示四种错误等级。要想改变错误等级的设置，单击对应颜色块即可，每单击一次改变一个等级。

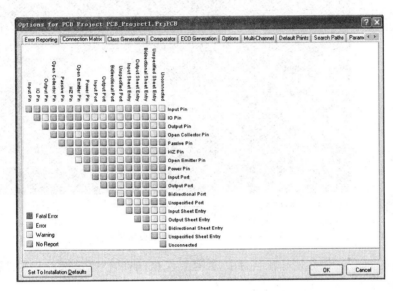

图 7 - 2 - 18 项目选项对话框 - 连接矩阵

对原理图各种电气错误等级设置完毕后，就可通过对原理图进行编译操作，进入原理图调试阶段。执行 Project → Compile Document XXX. SchDoc 菜单仅对原理图文件进行编译，执行 Project→Compile PCB Project XXX. PriPCB 菜单对 PCB 项目进行编译。当项目被编辑时，详尽的设计和电气规则将应用于验证设计。当所有错误被解决后，原理图设计的再编辑将被启动的 ECO 加载到目标文件，例如一个 PCB 文件。

7.3　印制电路板设计

印制电路板是通过印制板上的印制导线、焊盘及金属化过孔实现元器件引脚之间的电气连接。由于印制电路板上的导电图形（如元件引脚焊盘、印制连线、过孔等）以及说明性文字（如元件轮廓、序号、型号）等均通过印制方法实现，因此称为印制电路板。

通过一定的工艺，在绝缘性能很高的基材上覆盖一层导电性能良好的铜薄膜，就构成了生产印制电路板所必需的材料——覆铜板。按电路要求，在覆铜板上刻蚀出导电图形，并钻出元件引脚安装孔、实现电气互连的过孔以及固定整个电路板所需的螺钉孔,就获得了电子产品所需的印制电路板。

执行 File→New→PCB 菜单,或从文件管理窗口中选择 New→PCB File 命令,在项目文档中建立一个如图 7-3-1 所示的印制电路板设计文件。PCB 编辑界面和原理图编辑界面较相似,只是工具条和主菜单栏有些变化。

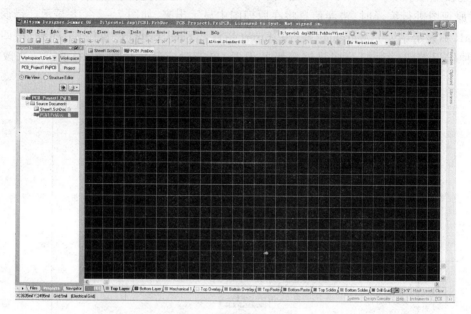

图 7-3-1　新建印制电路板文件

注意:新建的 PCB 文件必须是在项目中,并且要保存,如果是独立的 PCB 文件将不能将项目中原理图的元件网络表导入到 PCB 文件。

一、设置 PCB 工作区

在 PCB 上放置元件及布线前,我们需要设置 PCB 工作区,如板层、栅格和设计规则。

1. 定义板层和其他非电层

印制板种类很多,根据导电层数目的不同,可以将印制板分为单面电路板(简称单面板)、双面电路板(简称双面板)和多层电路板;单面板只有一面敷铜箔,另一面空白,因而也只能在敷铜箔面上制作导电图形。单面板上的导电图形主要包括固定、连接元件引脚的焊盘和实现元件引脚互连的印制导线,该面称为“焊锡面”或 Bottom(底)层。没有铜膜的一面用于安放元件,因此该面称为“元件面”或 Top(顶)层。双面板的上、下两面均覆盖铜箔。因此,上、下两面都含有导电图形,导电图形中除了焊盘、印制导线外,还有用于使上、下两面印制导线相连的金属化过孔。在双面板中,元件也只安装在其中的一个面上,该面同样称为“元件面”或“Top”(顶)层,另一面称为“焊锡面”或“Bottom”(底)层。在多层板中导电层的数目一般为 4、6、8、10 等,例如在四层板中,上、下两层是信号层(信号线布线层),在上、下两层之间还有电源层和地线层。在本例中采用单面电路板。

如果你查看 PCB 工作区的底部,会看见一系列层标签。PCB 编辑器是一个多层环境,你所做的大多数编辑工作都将在一个特殊层上。执行 Design→Board Layers &Colors 菜单,或在工作界面使用快捷键 L,打开如图 7 - 3 - 2 所示板层和颜色对话框,用以设定板层的显示、添加、删除、重命名及设置层的颜色。在该对话框中可根据需要进行相应设置。

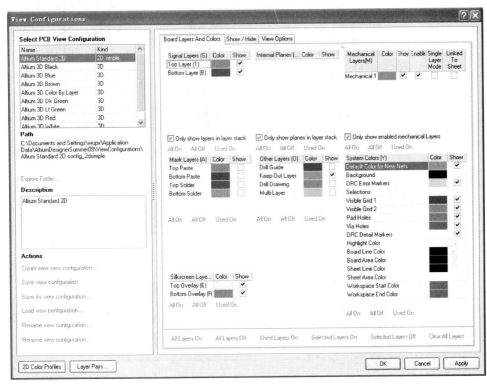

图 7 - 3 - 2   所示板层和颜色对话框

2. 设置栅格

在开始定位元件之前,我们需要进行放置栅格的设置。放置在 PCB 工作区的所有对象均排列在捕获栅格(Snap Grid)上。这个栅格需要设置得适合我们要使用的布线技术。

在印制电路板中一般使用的是标准英制元件,如引脚间距为 100 mil(毫英寸)。我们将这个捕获栅格设定为 100 mil 的一个平均分数,50 或 25 mil,这样所有的元件引脚在放置时均将落在栅格点上。当然,板子上的导线宽度和间距均为 10 mil,在平行的导线的中心之间允许的最小间距为 25 mil,所以合适的捕获栅格设为 10 mil。选择菜单 Design→Board Options 打开如图 7 - 3 - 3 所示 PCB 板选项对话框,可根据需要对栅格进行设定。

二、元件及网表导入

在进行 PCB 设计之前,要将原理图中的元件信息及连线、网络表等信息引入到 PCB 文件中,开始进行 PCB 设计。在将原理图信息转换到新的空白 PCB 之前,要确认原理图和 PCB 关联的所有库均可用。原理图的元件及网络表可以从原理图环境中传送到 PCB,也可以从 PCB 环境中导入,元件及网络表的导入步骤如下:

① 在 PCB 编辑窗口执行 Design→Update Schematics in XXX. PrjPCB 菜单,或者在原理图编辑窗口执行 Design→Update PCB Document XXX. PcbDoc 菜单,弹出如图 7 - 3 - 4 所示原理图与 PCB 图的差异确认示意对话框,其中表示出原理图与 PCB 图的差异数,单击 Yes 按钮,将进入如图 7 - 3 - 5 所示原理图与 PCB 图的差异列表对话框。

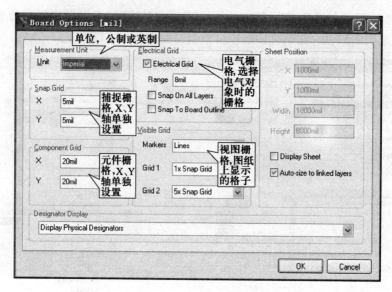

图 7 - 3 - 3　板选项对话框

图 7 - 3 - 4　原理图与 PCB 图的差异确认示意

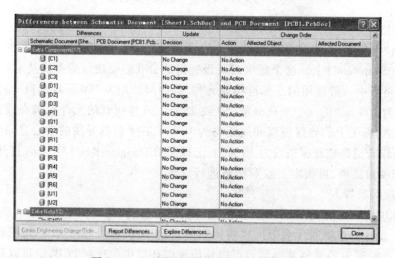

图 7 - 3 - 5　原理图与 PCB 图的差异列表

　　② 在图 7 - 3 - 5 上窗口中单击鼠标右键打开快捷菜单,单击 Update All in ≫ PCB Document [XXX. PcbDoc]菜单项,在图中会显示出更新变化列表,如图 7 - 3 - 6 所示。

　　③ 在图 7 - 3 - 6 中,点击 Create Engineering Change Order 按钮,弹出 Engineering Change Order(更改命令管理)对话框,如图 7 - 3 - 7 所示。在对话框中单击 Validate Changes 按钮,系统将

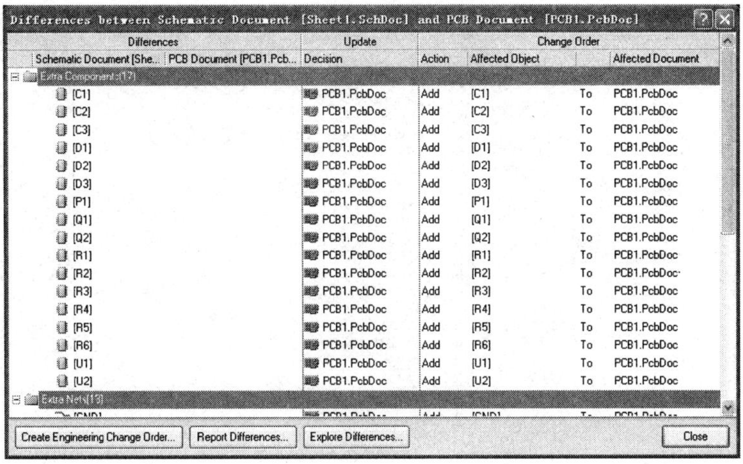

图7-3-6 更新变化列表

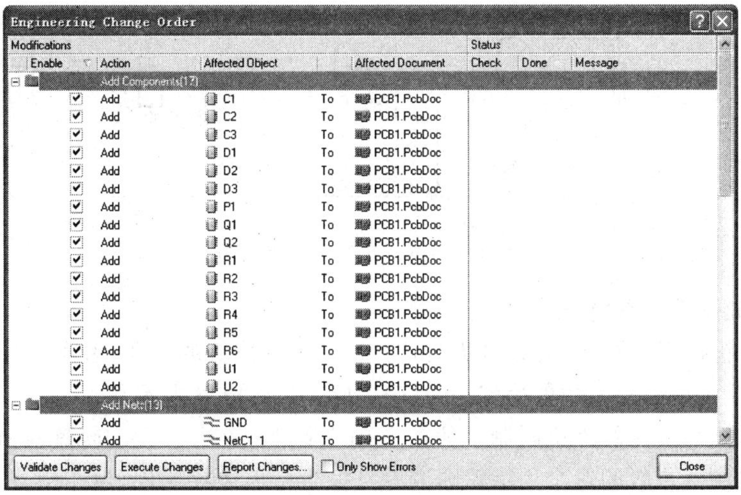

图7-3-7 更改命令管理对话框

检查所有的更改是否都有效。如果有效,将在右边 Status 栏下的 Check 栏对应位置显示绿色"√"标识;如果有错误,Check 栏中对应位置将显示红色"×"标识。一般的错误都是由于元件封装定义不正确,系统找不到给定的封装,或者设计 PCB 板时没有添加对应的集成库。检查并排除所有错误,直到修改完所有的错误,即 Check 栏中全为正确内容为止,如图7-3-8所示。

在图7-3-7对话框中单击 Execute Changes 按钮,系统将执行所有的更改操作,如果执行成功,Status 下的 Done 栏对应位置显示绿色"√"标识;如果有错误,Done 栏中对应位置将显示红色"×"标识。执行结果如图7-3-8所示。

④ 当 Status(状态)栏的 Check 和 Done 选项均显示为"√"时,表示原理图的信息已经传送到 PCB,点击 Close 按钮关闭对话框,可看到原理图中各元件已经出现在 PCB 图中,如图7-3-9所示。

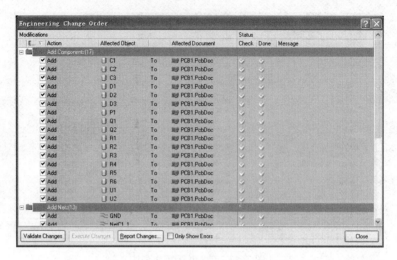

图 7 - 3 - 8   导入完毕后的对话框示意

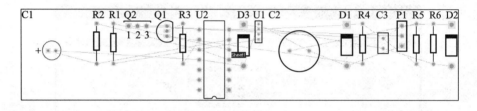

图 7 - 3 - 9   更新后的 PCB 图

三、规划电路板和电气定义

对于要设计的电子产品,需要设计人员首先确定其电路板的尺寸,因此首要的工作就是电路板的规划,也就是说电路板板边的确定,并且确定电路板的电气边界。

元件布置和路径安排的外层限制一般由 Keep Out Layer 中放置的轨迹线所确定,这也就确定了板的电气轮廓。一般的这个外层轮廓边界与板的物理边界相同,电路板规划及定义电气边界如下:

① 在 PCB 设计管理器中,用鼠标点击编辑区下方的标签 Keep Out Layer,将当前的工作层设置为 Keep Out Layer 层。该层为禁止布线层,一般用于设置电路板边界(目前大多数 PCB 板加工厂仍然使用 Keep out 层线条定义 PCB 外形),以将元件限制在这个范围之内。

② 执行菜单 Place→Keep out→Track。执行菜单后,光标变成十字,将光标移动到适当位置,单击鼠标左键,即可确定第一条板边的起点。然后拖动鼠标,将光标移动到合适位置,单击鼠标左键,即可确定第一条板边的终点。单击鼠标右键,退出该命令状态。用同样的方法绘制其他三条边,并对各边进行精确编辑,使之首尾相连。

③ 选中所绘制图形,执行菜单 Design→Board Shape→Define from selected objects,系统将根据选中的线条形状定义 PCB 外形。绘制完的电路板边框图如图 7 - 3 - 10 所示。

电路板形定义完成后,可重新定义原点位置,执行菜单 Edit→Origin→Set,一般可定义在电路板左下角、某个定位孔处或板子中央。PCB 外形和原点位置可以在绘制 PCB 过程中随时更改。

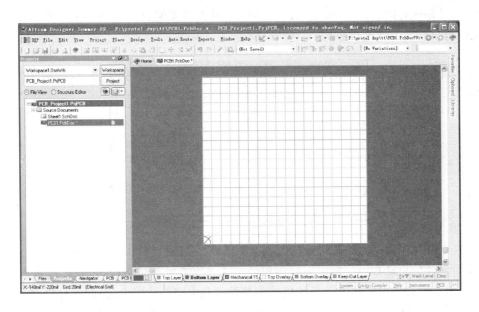

图 7 – 3 – 10   设置完电路板的板边

四、元件的布局

1. 元件属性修改

在元件放置状态下,按 Tab 键,将会弹出 Component XX(元件属性)对话框,对于 PCB 板上已经放置好的元件,可直接双击该元件,即可打开元件属性对话框,如图 7 – 3 – 11 所示。

图 7 – 3 – 11   元件属性对话框

2. 元件布局

装入元件和网络表后,要把元件放入工作区,需要对元件封装进行布局,ADS09 提供了自动布局功能。元件自动布局执行 Tool→Component Placement→Auto Placer 菜单,弹出如图7 – 3 – 12

所示的 Auto Place 对话框,用户可以在该对话框中设置相关的自动布局参数。然后单击 OK 按钮,系统将会自动对元件进行布局。

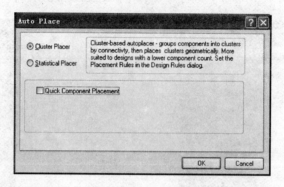

图7-3-12　元件自动布局设置对话框

　　系统对元件的自动布局一般以布局面积最小或寻找最短布线路径为目标,这种方法的优点是快速,但由于没有考虑实际电路板的机械安装要求和电路特性要求,因此元件自动布局往往不太理想,需要用户手工调整。手动调整元件的方法和 SCH 原理图设计中使用的方法类似,即将元件选中进行重新放置。元件调整后的布局如图7-3-13所示。

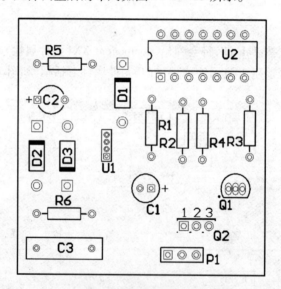

图7-3-13　元件手工布局完成后状态

五、自动布线与交互式布线

　　在印制电路板布局结束后,便进入电路板的布线过程。布线是在网络的节点与节点之间定义连接路径的过程。用户首先要预置布线规则,程序将依据这些规则进行自动布线。

　　1. 布线规则设定

　　执行菜单 Design → Rules 选项,系统弹出 PCB Rules and Constraints Editor 对话框,如图7-3-14所示,在此对话框中可以设置布线参数。在此我们设置的只在底层布线,在顶层不进行布线,设置设计规则步骤如下:

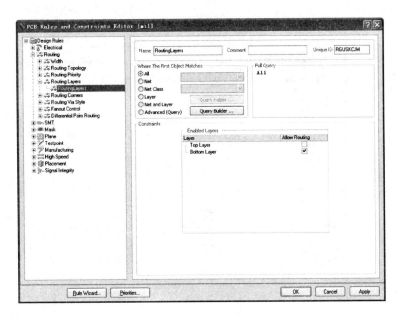

图 7 - 3 - 14   设置布线规则对话框

① 点击"＋"展开该规则的 Routing 目录。

② 同样,在展开的 Routing 目录树中点击"＋"展开 Routing Layers 目录,此时显示了布线板层的约束规则。

③ 点击 Routing Layers,在右侧显示该规则的属性。

④ 右键点击一个规则大类可以添加该类的一个新规则。

选择 Enabled Layers 栏中将 Top Layer(顶层)后的"√"去掉,表示只在 Bottom Layer(底层)布线,在顶层不布线。

同样在 Width 规则中增加新规则,设置 GND 网络线宽为 20 mil,Vcc 网络线宽为 20 mil。

2. 自动布线

执行菜单 Auto Route→All 选项,系统弹出如图 7 - 3 - 15 所示布线参数设置对话框,在此对话框中可以设置布线参数。单击 Rout all 后,系统开始进行自动布线,布线结果如图 7 - 3 - 16所示。

3. 手工交互式布线

ADS09 提供了自动布线方式,然而仍需要对于一些不满足要求的连线进行手工调整(如对电源与地线的加宽)。在 ADS09 中 PCB 的导线是由一系列直线段组成的。每次改变方向时,也会开始新的导线段,在默认情况下,ADS09 开始会使导线走向为垂直、水平或 45°角,这样能很容易地得到比较专业的结果。

当选择一种交互式布线指令并且开始布线时,开始的布线宽度是在参数对话框中的 PCB Editor - Interactive Routing 里设定的,配合设计规则里的线宽约束进行布线。当参数设定允许在布线时改变宽度时,它总会通过设定的规则进行约束,如果要改变线宽的值超出了规则定义的范围,它会自动固定于规则的最大值或最小值。

下面将使用预拉线引导进行布线,实现所有网络的电气连接。

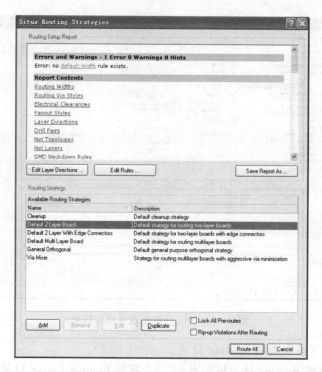

图 7 - 3 - 15   布线参数设置对话框

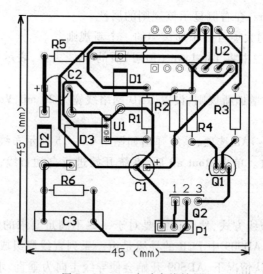

图 7 - 3 - 16   自动布线结果

① 从菜单选择 Place→Interactive Routing,或点击工具栏的 按钮,光标将变为十字形状,表示处于导线放置模式。

② 检查文档工作区底部的层标签,看 Bottom layer 标签是否是当前工作层。在执行放置命令前,使用鼠标在底部的层标签上点击需要激活的层,先设置当前层为 Bottom layer,即在底层布线。在导线放置模式时可以通过数字键盘上的" * "键在工作层之间进行切换而不退出导线放

置模式。

③ 将光标放在 C3 的 2 号焊盘上,单击鼠标左键或按回车键固定导线的第一个点。移动光标到 P1 的 3 号焊盘,在默认情况下,导线走向为垂直、水平或 45°角;导线有两段,第一段是蓝色实线,是当前正放置的导线段,第二段为空心线,称作 Look - ahead,这一段允许预先查看要放置的下一段导线的位置,以便能够绕开障碍物,并且一直保持初始的角度。

在导线放置时,按 Shift + W 键可打开修改线宽对话框,对布线宽度进行修改。按 Tab 键,将打开 Interactive Routing For Net[xxx](交互式布线编辑)对话框,可以编辑跟交互式布线有关的设定,包括编辑布线的宽度和过孔的尺寸等,如图 7 - 3 - 17 所示。对已经在 PCB 板上放置好的导线,直接双击该导线,也可以弹出交互式布线编辑对话框。

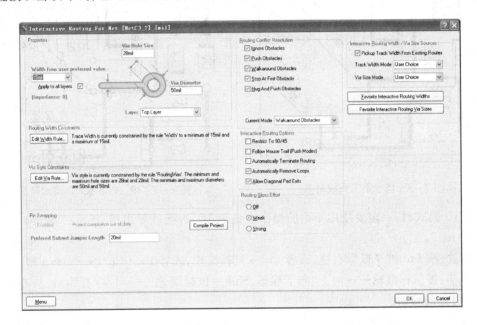

图 7 - 3 - 17　交互式布线编辑对话框

④ 将光标移到 P1 的 3 号焊盘的中间,然后单击鼠标左键或按回车键,此时第一段导线就已经放置在底层了。

⑤ 将光标重新定位在 P1 的 3 号焊盘中间,会有一条实心蓝色线段从前一条线段延伸到这个焊盘,单击鼠标左键放置这条实心线段。这样就完成了第一个连接。

⑥ 现在完成了第一段布线,单击鼠标右键或按 Esc 键结束这条导线的放置。光标仍然是一个十字形状,表示仍然处于导线放置模式,准备放置下一条导线。如结束导线放置模式,可再次单击鼠标右键或按 Esc 键后,即可退出导线放置模式。手工交互式布线结果如图 7 - 3 - 18 所示。

⑦ 在导线放置模式下,按 Space 键可切换要放置导线的水平/垂直走线模式;按 Space + Shift 键可使导线走向在 135°、90°、圆弧之间进行切换;按 Back Space 键可取消放置的前一条导线;按 End 键可刷新画面;按 Page Up 与 Page Down 键,将会以光标为中心放大或缩小。

如果设计者能够在设计过程中使用设计工具直观地看到自己设计板子的实际情况,将能够有效的帮助他们的工作。ADS09 软件提供了这方面的功能,在 3D 模式下可以让设计者从任何角度观察自己设计的 PCB 板。执行菜单 View→Switch To 3D 命令(快捷键:3),或者从 PCB 标准工具栏列表中选择一个 3D 视图配置,就可显示如图 7 - 3 - 19 所示 3D 模式 PCB 板。

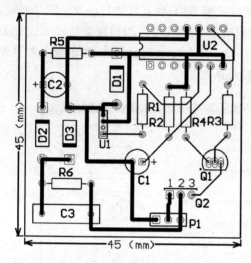

图 7 - 3 - 18　手工布线结果

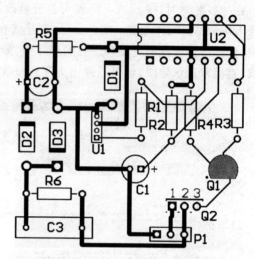

图 7 - 3 - 19　PCB 板 3D 模式显示

进入 3D 模式时,一定要使用下面的操作来显示 3D,否则就要出错,提示:"Action not available in 3D view"。

a. 缩放:按 Ctrl 键 + 鼠标右拖,或者 Ctrl + 鼠标滚轮,或者 Page Up/Page Down 键。

b. 平移:按鼠标滚轮——向上/向下移动,Shift + 鼠标滚轮——向左/右移动,按右键拖动鼠标可向任何方向移动。

c. 旋转:按住 Shift 键不放,再按鼠标右键,进入 3D 旋转模式。光标处显示一个定向圆盘,该模型的旋转运动是基于圆心的,鼠标右键拖曳圆盘可任意方向旋转视图。

六、验证设计者的板设计

ADS09 提供一个规则驱动环境来设计 PCB,并允许设计者定义各种设计规则来保证 PCB 板设计的完整性。比较典型的做法是,在设计过程的开始就设置好设计规则,然后在设计进程的最后用这些规则来验证设计。为了验证所布线的电路板是符合设计规则的,现在设计者要运行设计规则检查 Design Rule Check(DRC)。确认图 7 - 3 - 2 中 System Colors 单元的 DRC Error Markers 选项旁的 Show 复选框被勾选。这样,在 PCB 设计过程中,如有违反设计规则时,违反设计规则的元件将以绿色高亮显示错误标记(DRC error markers)。

执行 Tools→Design Rule Check 菜单,弹出 Design Rule Checker(设计规则检查)对话框如图 7 - 3 - 20所示,保证 Design Rule Checker 对话框的实时和批处理设计规则检测都被配置好。保留所有选项为默认值,单击 Run Design Rule Check 按钮。DRC 就开始运行,Design Rule Verification Report 将自动显示,如图 7 - 3 - 21 所示。

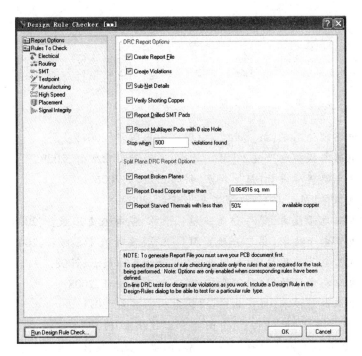

图 7 – 3 – 20　设计规则检查对话框

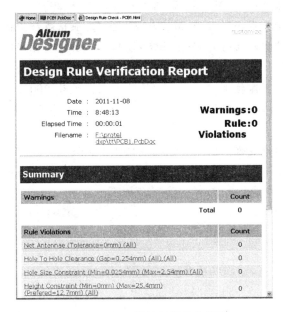

图 7 – 3 – 21　设计规则检查报告

参 考 文 献

[1] 梁贵书.电路理论基础[M].北京:中国电力出版社,2007.

[2] 殷瑞祥.电路与模拟电子技术[M].北京:高等教育出版社,2009.

[3] 张健.数字电路逻辑设计[M].北京:科学出版社,2006.

[4] 汤蕴璆.电机学[M].北京:机械工业出版社,2009.

[5] 渠云田.电工电子技术(第一分册)[M].北京:高等教育出版社,2008.

[6] 渠云田.电工电子技术(第二分册)[M].北京:高等教育出版社,2008.

[7] 朱伟兴.电工电子应用技术[M].北京:高等教育出版社,2008.

[8] 朱伟兴.电路与电子技术[M].北京:高等教育出版社,2008.

[9] 张晓杰.电工电子技术[M].北京:中国电力出版社,2011.

[10] 罗映红.电工技术[M].北京:中国电力出版社,2011.

[11] 付家才.电工电子实践教程[M].北京:化学工业出版社,2003.

[12] 薛同泽.电路实验技术[M].北京:人民邮电出版社,2003.

[13] 李立.电工学实验指导[M].北京:高等教育出版社,2005.

[14] 叶淬.电工电子技术实践教程[M].北京:化学工业出版社,2003.

[15] 路勇.电子电路实验及仿真[M].北京:清华大学出版社,2004.

[16] 朱承高,吴月梅.电工及电子实验[M].北京:高等教育出版社,2010.

[17] 刘敏.可编程控制器技术[M].北京:机械工业出版社,2001.

[18] 谷树忠,闫胜利.Protel 2004 实用教程——原理图与 PCB 设计[M].北京:电子工业出版社,2005.

[19] 林德杰.电气测试技术[M].北京:机械工业出版社,2008.

[20] 颜湘武.电工测量基础与电路实验教程[M].北京:中国电力出版社,2011.